江西省农村建筑物雷电防护装置设计施工指导手册

主　编　李玉塔　强裕君
副主编　孙　逊　高雅隽　张显真

同济大学 出版社
TONGJI UNIVERSITY PRESS
·上海·

内 容 提 要

本手册在总结归纳近十年农村建筑物雷击事故灾害类型和雷电危害方式的基础上，针对江西省农村建筑的特点，按照因地制宜、安全可靠、技术先进、经济合理、施工维护方便的原则，制定了民宅、烟囱、学校及幼儿园、避雨亭、农贸市场、养老院（敬老院）、祠堂、村委会、医务室、公交站台10类农村常见建筑物及其屋顶附属设施的防直击雷设计方法、电子电气系统防雷设计方法和各类防雷装置施工方法等，并以附录形式列举了江西省各县区年平均雷暴日、农村常见建筑防雷分类参考表、建筑物分类计算示例、工程材料清单、农村户外活动防雷安全要点。本手册适用于农村新建、改建、扩建、已建的木质、砖混、钢混、钢结构建筑雷电防护装置的设计和安装，不适用于处于爆炸危险环境场所的建筑物。

本书可作为高等职业院校相关专业教学用书，也可供相关技术人员参考借鉴。

图书在版编目（CIP）数据

江西省农村建筑物雷电防护装置设计施工指导手册 / 李玉塔，强裕君主编． -- 上海：同济大学出版社，2024.6. -- ISBN 978-7-5765-0063-9
Ⅰ．TU895-62
中国国家版本馆CIP数据核字第2024SL8044号

江西省农村建筑物雷电防护装置设计施工指导手册

主编 李玉塔 强裕君　　副主编 孙 逊 高雅隽 张显真
责任编辑 任学敏　　助理编辑 朱华茗　　责任校对 徐逢乔　　封面设计 陈益平

出版发行	同济大学出版社　　www.tongjipress.com.cn	
	（地址：上海市四平路1239号　邮编：200092　电话：021-65985622）	
经　　销	全国各地新华书店	
制　　作	南京月叶图文制作有限公司	
印　　刷	常熟市大宏印刷有限公司	
开　　本	787 mm×1092 mm　1/16	
印　　张	10	
字　　数	225 000	
版　　次	2024年6月第1版	
印　　次	2024年6月第1次印刷	
书　　号	ISBN 978-7-5765-0063-9	
定　　价	48.00元	

本书若有印装质量问题，请向本社发行部调换　　版权所有　侵权必究

编委会

主　编　　李玉塔　强裕君

副主编　　孙　逊　高雅隽　张显真

编　委　　邓佳蜂　金　星　刘海兵　傅敏军　许　彬
　　　　　　杜　强　高　婵　王荣珠　夏　雪　周洁晨
　　　　　　王　海　余建华　易高流　张传江　董保华
　　　　　　陈　力　卢　敏　殷国华　李　勇　段和平
　　　　　　成　凯　孙　晨　林常青　付琦琼　李　巾
　　　　　　吕振东　王成芳

前言

雷电灾害是世界气象组织认定的十大气象灾害之一，常造成人畜伤亡、建筑物损坏、供配电系统损坏、通信设备损坏、民用电器损坏等，甚至引发火灾、爆炸等安全事故，给国民经济和人民生命财产带来巨大损失。江西省地处亚热带湿润季风气候区，雨量充沛，雷暴活动频繁，雷电灾害严重。根据近十年的雷灾事故分析，雷击造成的人员伤亡和建筑物损坏绝大部分发生在农村地区。其中农民防雷安全知识缺乏、农村建筑物防雷设施不完善是最主要的原因。因此，提高农民防雷减灾意识，普及农村防雷避险常识，完善农村防雷措施，推广农村防雷实用技术十分迫切。

通过深入调研农村的各类建筑，发现农村建筑物普遍缺乏完善的防雷装置。因缺少相关的专业基础知识，农村建筑队伍还难以应用专业的防雷设计规范对现有的建筑进行防雷装置的设计施工，另外安装防雷装置的费用也是一个制约因素。为深入贯彻落实习近平总书记关于安全生产重要论述，坚持人民至上、生命至上，全面落实《江西省人民政府办公厅关于切实加强防雷安全工作的通知》（赣府厅字〔2022〕39号），特编写《江西省农村建筑物雷电防护装置设计施工指导手册》，用于指导农村防雷设施建设。

本手册在总结归纳近十年农村建筑物雷击事故灾害类型和雷电危害方式的基础上，针对江西省农村建筑的特点，按照因地制宜、安全可靠、技术先进、经济合理、施工维护方便的原则，制定农村常见建筑的雷电防护措施和设计施工图，以指导农村进行建筑防雷建设。

本手册的编制依据如下：

（1）《建筑物防雷设施安装》（15D501）；

（2）《等电位联结安装》（15D502）；

（3）《利用建筑物金属体做防雷及接地装置安装》（15D503）；

（4）《接地装置安装》（15D504）；

（5）《建筑物防雷设计规范》（GB 50057—2010）；

（6）《建筑物电子信息系统防雷技术规范》（GB 50343—2012）；

（7）《建筑物防雷工程施工与质量验收规范》(GB 50601—2010)；

（8）《农村民居雷电防护工程技术规范》(GB 50952—2013)；

（9）《民用建筑电气设计标准》(GB 51348—2019)。

本手册制定了民宅、学校等10类农村常见建筑物及其屋面附属设施的防直击雷设计方法、电子电气系统防雷设计方法和各类防雷装置施工方法。

本手册适用于农村新建、改建、扩建、已建的木质、砖混、钢混、钢结构建筑雷电防护装置的设计和安装，不适用于处于爆炸危险环境的建筑物。处于爆炸危险环境的建筑物可参考《建筑物防雷设计规范》(GB 50057—2010)、《建筑物防雷工程施工与质量验收规范》(GB 50601—2010)及其他相关规范要求设计。

目 录

前言

1 总则 1

2 防雷分类 3
   2.1 划分方法 3
   2.2 年预计雷击次数计算 3

3 农村常见建筑物防直击雷设计 5
   3.1 民宅 5
      3.1.1 平顶 5
      3.1.2 两坡顶 7
      3.1.3 四坡顶 9
      3.1.4 多坡顶 11
      3.1.5 有附加层建筑 13
      3.1.6 徽派建筑 15
      3.1.7 围屋建筑 17
   3.2 烟囱 21
   3.3 学校、幼儿园 23
   3.4 避雨亭 26
   3.5 农贸市场 28
   3.6 养老院(敬老院) 32
   3.7 祠堂 34
   3.8 村委会 37
   3.9 医务室 39
   3.10 公交站台 41

4 屋顶附属设施的防直击雷设计 43
4.1 用电设备 43
4.2 非金属附属设施 47
4.3 金属附属设施 49

5 电气电子系统防雷设计 51
5.1 配电系统 51
5.1.1 单相电源配电系统 51
5.1.2 三相电源配电系统 53
5.2 光伏系统 55
5.3 卫星电视接收系统 57
5.4 广播系统 59
5.5 监控系统 61
5.6 消防系统 63
5.7 计算机网络系统 65
5.8 等电位连接 67
5.8.1 进出建筑物线路、管道等电位连接 67
5.8.2 弱电机房等电位连接 69

6 常见防雷装置施工方法 73
6.1 接闪器施工 73
6.1.1 接闪杆 73
6.1.2 接闪带 75
6.2 引下线施工 85
6.2.1 建筑物内钢筋作引下线 85
6.2.2 专设引下线 87
6.3 接地装置施工 89
6.3.1 自然接地体 89
6.3.2 人工接地体 93
6.4 电涌保护器安装 97
6.4.1 电源电涌保护器 97
6.4.2 信号电涌保护器 99
6.5 等电位连接 101
6.6 焊接 103

7 防雷装置检测与维护 ··· 105

附录 A 江西省各县区年平均雷暴日 ·· 106

附录 B 农村常见建筑防雷分类参考表 ·· 108

附录 C 建筑物分类计算示例 ·· 137

附录 D 工程材料清单 ··· 138

附录 E 农村户外活动防雷安全要点 ·· 147

参考文献 ··· 149

1 总　则

1.0.1 本手册适用范围内的建筑物宜按照第二类、第三类、一般农村民居防雷建筑物的要求进行防雷设计安装。

1.0.2 本手册介绍了各类建筑物的防直击雷措施、防闪电电涌侵入措施、防接触电压和防跨步电压措施。防直击雷措施主要用于保护建筑物免遭雷击损坏,防闪电电涌侵入措施主要用于保护电气电子设备免遭雷击损坏,防接触电压和防跨步电压措施主要用于保护人员免遭雷击。

1.0.3 建筑物防直击雷装置应包括接闪器、引下线、接地装置,缺一不可,且应电气贯通。

1.0.4 屋面接闪器一般采用明敷。若采用屋顶钢筋混凝土中钢筋网和女儿墙、檐口中钢筋作为接闪器,宜在屋角、檐角处安装长度范围为 0.35～0.5 m 的接闪短杆,但仍然有屋顶混凝土层、防水层被雷击损坏的风险。若利用建筑物金属屋面做接闪器,则钢质材料厚度应不小于 0.5 mm。

1.0.5 钢筋混凝土结构和钢结构建筑物施工时,优先将建筑物钢筋混凝土中钢筋、金属构件作为引下线与接地体。一般农村民居防雷建筑物将混凝土中钢筋、金属构件作为引下线时,直径应不小于 8 mm,其他防雷建筑物直径应不小于 10 mm。在基础和楼层施工时,应在适当位置(如配电箱附近、卫生间)引出接地线,接地线应距离引下线 5 m 以上。

1.0.6 明敷专设引下线和钢结构建筑物引下线应做好防接触电压措施。防接触电压措施应符合下列规定之一:

(1) 利用建筑物金属构架和建筑物互相连接的钢筋在电气上是贯通且不少于 10 根柱子组成的自然引下线,作为自然引下线的柱子包括位于建筑物四周和建筑物内的。

(2) 引下线 3 m 范围内地表层的电阻率应不小于 50 kΩ·m,也可敷设 5 cm 厚沥青层或 15 cm 厚砾石层。

(3) 外露引下线,其距地面 2.7 m 以下的导体用耐 100 kV 冲击电压(1.2/50 μs 冲击波形)的绝缘层隔离,或用至少 3 mm 厚的交联聚乙烯层隔离。

(4) 用护栏、警告牌使接触引下线的可能性降至最低限度。

1.0.7 人工接地应做好防跨步电压措施。防跨步电压应符合下列规定之一:

(1) 利用建筑物金属构架和建筑物互相连接的钢筋在电气上是贯通且不少于 10 根柱子组成的自然引下线,作为自然引下线的柱子包括位于建筑物四周和建筑物内的。

(2) 引下线 3 m 范围内地表层的电阻率应不小于 50 kΩ·m,也可敷设 5 cm 厚沥青层或 15 cm 厚砾石层。

（3）用网状接地装置对地面做均衡电位处理。

（4）用护栏、警告牌使进入距引下线 3 m 范围内地面的可能性减小到最低限度。

1.0.8 雷电防护装置的连接应采用焊接、压接、紧固件紧固或其他可靠连接方式。

1.0.9 本手册中外露和直接埋入土壤中的金属构件应采取热镀锌处理或使用耐腐蚀金属材料。

1.0.10 焊接要求：扁钢与扁钢（角钢）搭接长度为 $2b$（b 为扁钢宽度），至少三面施焊；圆钢与圆钢（扁钢）搭接长度为 $6D$（D 为圆钢直径），且应双面施焊。

1.0.11 其他未尽事宜应遵照现行国家、行业有关标准、规范、规程执行。

防雷分类

2.1 划分方法

根据现行国家标准《建筑物防雷设计规范》(GB 50057—2010),符合下列条件时,将农村建筑划分为第二类、第三类防雷建筑物。

(1) 在可能发生对地闪击的地区,凡遇下列情况之一时,应划为第二类防雷建筑物:

① 预计雷击次数大于 0.05 次/a 的重要或人员密集的公共建筑物以及火灾危险场所。

② 预计雷击次数大于 0.25 次/a 的住宅等一般性民用建筑物。

(2) 在可能发生对地闪击的地区,凡遇下列情况之一时,应划为第三类防雷建筑物:

① 预计雷击次数大于或等于 0.01 次/a,且小于或等于 0.05 次/a 的人员密集的公共建筑物以及火灾危险场所。

② 预计雷击次数大于或等于 0.05 次/a,且小于或等于 0.25 次/a 的住宅等一般性民用建筑物。

注1:本手册中农村重要和人员密集的公共场所为学校、幼儿园、避雨亭、农贸市场、养老院(敬老院)、公交站台等。

注2:本手册中农村火灾危险场所为存储大量棉花、柴草或其他易燃物质的场所。

不属于现行国家标准《建筑物防雷设计规范》(GB 50057—2010)中第二类、第三类防雷建筑物的农村建筑,在可能发生对地闪击的地区,凡符合下列条件之一时,划为一般农村民居防雷建筑物,并应按《农村民居雷电防护工程技术规范》(GB 50952—2013)的要求进行防雷工程的设计。

(1) 预计雷击次数大于或等于 0.013 次/a 且小于 0.05 次/a 的农村民居。

(2) 距地面高度高于或等于 10 m 且低于 15 m 的农村民居。

(3) 曾遭受过雷击的农村民居及其周边 60 m 范围内的农村民居。

本手册附录 B 给出了长、宽分别为 12 m×8 m 和 25 m×16 m 的农村建筑在不同高度、不同位置、不同使用性质时的防雷分类表,可参考查询。

2.2 年预计雷击次数计算

建筑物年预计雷击次数应按下式计算:

$$N = kN_g A_e$$

式中　N ——建筑物年预计雷击次数(次/a)。

　　　k ——校正系数,在一般情况下取 1;位于河边、湖边、山坡下或山地中土壤电阻率较小处、地下水露头处、土山顶部、山谷风口等处的建筑物,以及特别潮湿的建筑物取 1.5;金属屋面没有接地的砖木结构建筑物取 1.7;位于山顶或旷野的孤立建筑物取 2。

　　　N_g ——建筑物所处地区雷击大地的年平均密度[次/(km²·a)],首先应从当地气象部门查阅;若无此资料,可按下式计算:

$$N_g = 0.1 \times T_d$$

其中,T_d 为年平均雷暴日(d/a),江西省各县区年平均雷暴日见附录 A。

　　　A_e ——与建筑物截收相同雷击次数的等效面积(km²),为其实际平面面积向外扩大后的面积,即如图 2-1 所示虚线所包围的面积。图中实线为建筑物平面图。

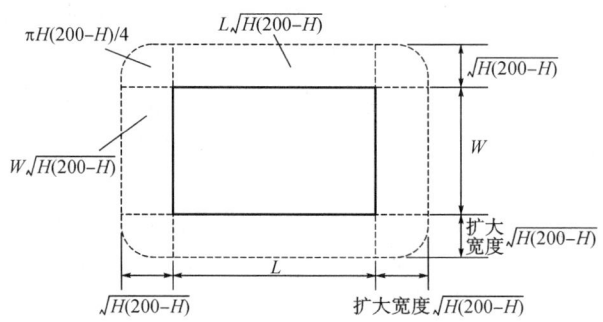

图 2-1　建筑物的等效面积

图 2-1 中的建筑物每边的扩大宽度和雷击等效面积的计算方法见下式:

$$D = \sqrt{H(200-H)}$$

$$A_e = [LW + 2(L+W)\sqrt{H(200-H)} + \pi H(200-H)] \times 10^{-6}$$

式中　D ——建筑物每边的扩大宽度(m)。

　　　A_e ——与建筑物截收相同雷击次数的等效面积(km²)。

　　　L、W、H ——分别为建筑物的长、宽、高(m)。

建筑物分类计算示例见本手册附录 C。

3 农村常见建筑物防直击雷设计

3.1 民宅

3.1.1 平顶

设计说明：

(1) 接闪带沿女儿墙外围敷设，采用 $\phi10$ 的热镀锌圆钢，安装方法见本手册 6.1.2 节。

(2) 当民宅为钢筋混凝土结构建筑时，在建筑物施工时优先将其结构柱内钢筋作为引下线，如图 3-1 中防雷装置立面图①和防雷装置平面图①所示。引下线施工方法见本手册 6.2.1 节。

(3) 当民宅为已建建筑或砖混、木质结构建筑且需要安装防雷装置时，可明敷专设引下线，如图 3-1 中防雷装置立面图②和防雷装置平面图②所示。专设引下线应不少于 2 根，且远离建筑物出入口，并采取防接触电压措施（见本手册 1.0.6 条）。专设引下线的安装方法见本手册 6.2.2 节。

(4) 当民宅为钢筋混凝土基础建筑时，在建筑物施工时优先将其基础内钢筋作为接地装置，施工方法见本手册 6.3.1 节。

(5) 当民宅为已建建筑或为非钢筋混凝土基础建筑时，可采用人工接地体，并采取防跨步电压措施（见本手册 1.0.7 条），施工方法见本手册 6.3.2 节。

(6) 防雷接地、电气接地应共用同一接地装置，接地电阻应不大于 4Ω。若无电气接地，则接地电阻应不大于 30Ω。

(7) 水箱、热水器、光伏、卫星天线等屋顶用电设施及其他金属附属设施保护见本手册 4.1 和 4.3 节。

(8) 烟囱等屋顶非金属附属设施保护见本手册 4.2 节。

(9) 防雷装置的连接采用焊接方法，具体方法见本手册 6.6 节。

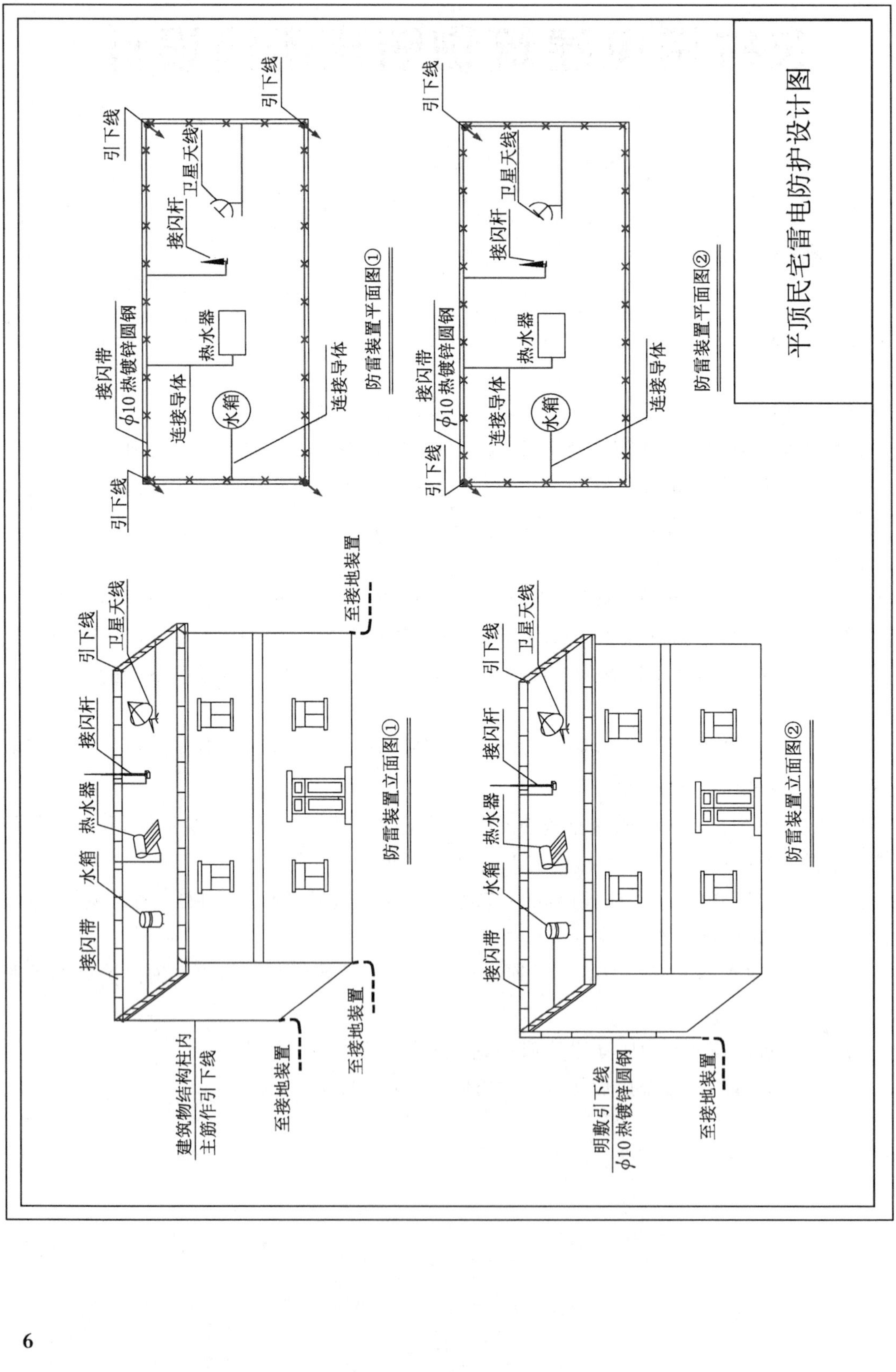

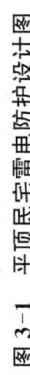

图 3-1 平顶民宅雷电防护设计图

3.1.2 两坡顶

设计说明：

（1）接闪带沿屋角、屋脊、屋檐、檐角敷设，采用 $\phi 10$ 的热镀锌圆钢，安装方法见本手册 6.1.2 节。

（2）当民宅为钢筋混凝土结构建筑时，在建筑物施工时优先将其结构柱内钢筋作为引下线，如图 3-2 中防雷装置立面图①和防雷装置平面图①所示。引下线施工方法见本手册 6.2.1 节。

（3）当民宅为已建建筑或砖混、木质结构建筑且需要安装防雷装置时，可明敷专设引下线，如图 3-2 中防雷装置立面图②和防雷装置平面图②所示。专设引下线应不少于 2 根，且远离建筑物出入口，并采取防接触电压措施（见本手册 1.0.6 条）。专设引下线的安装方法见本手册 6.2.2 节。

（4）当民宅为钢筋混凝土基础建筑时，在建筑物施工时优先将其基础内钢筋作为接地装置，施工方法见本手册 6.3.1 节。

（5）当民宅为已建建筑或为非钢筋混凝土基础建筑时，可采用人工接地体，并采取防跨步电压措施（见本手册 1.0.7 条），施工方法见本手册 6.3.2 节。

（6）防雷接地、电气接地应共用同一接地装置，接地电阻应不大于 4Ω。若无电气接地，则接地电阻应不大于 30Ω。

（7）水箱、热水器、光伏、卫星天线等屋顶用电设施及其他金属附属设施保护见本手册 4.1 和 4.3 节。

（8）烟囱等屋顶非金属附属设施保护见本手册 4.2 节。

（9）防雷装置的连接采用焊接方法，具体方法见本手册 6.6 节。

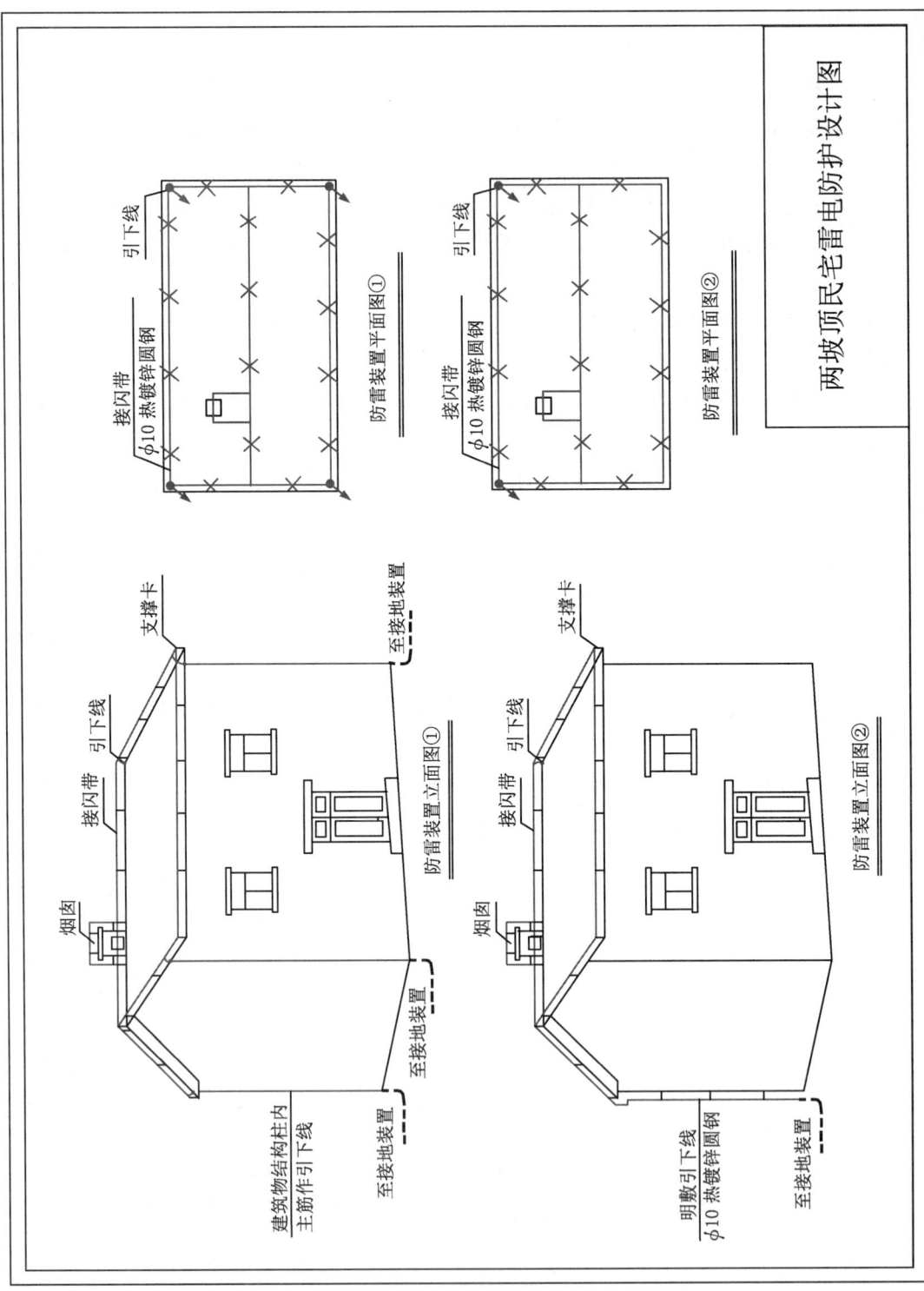

图 3-2 两坡顶民宅雷电防护设计图

3.1.3　四坡顶

设计说明：

(1) 接闪带沿屋角、屋脊、屋檐、檐角敷设，采用 $\phi 10$ 的热镀锌圆钢，安装方法见本手册 6.1.2 节。

(2) 当民宅为钢筋混凝土结构建筑时，在建筑物施工时优先将其结构柱内钢筋作为引下线，如图 3-3 中防雷装置立面图①和防雷装置平面图①所示。引下线施工方法见本手册 6.2.1 节。

(3) 当民宅为已建建筑或砖混、木质结构建筑且需要安装防雷装置时，可明敷专设引下线，如图 3-3 中防雷装置立面图②和防雷装置平面图②所示。专设引下线应不少于 2 根，且远离建筑物出入口，并采取防接触电压措施(见本手册 1.0.6 条)。专设引下线的安装方法见本手册 6.2.2 节。

(4) 当民宅为钢筋混凝土基础建筑时，在建筑物施工时优先将其基础内钢筋作为接地装置，施工方法见本手册 6.3.1 节。

(5) 当民宅为已建建筑或为非钢筋混凝土基础建筑时，可采用人工接地体，并采取防跨步电压措施(见本手册 1.0.7 条)，施工方法见本手册 6.3.2 节。

(6) 防雷接地、电气接地应共用同一接地装置，接地电阻应不大于 4 Ω。若无电气接地，则接地电阻应不大于 30 Ω。

(7) 水箱、热水器、光伏、卫星天线等屋顶用电设施及其他金属附属设施保护见本手册 4.1 和 4.3 节。

(8) 烟囱等屋顶非金属附属设施保护见本手册 4.2 节。

(9) 防雷装置的连接采用焊接方法，具体方法见本手册 6.6 节。

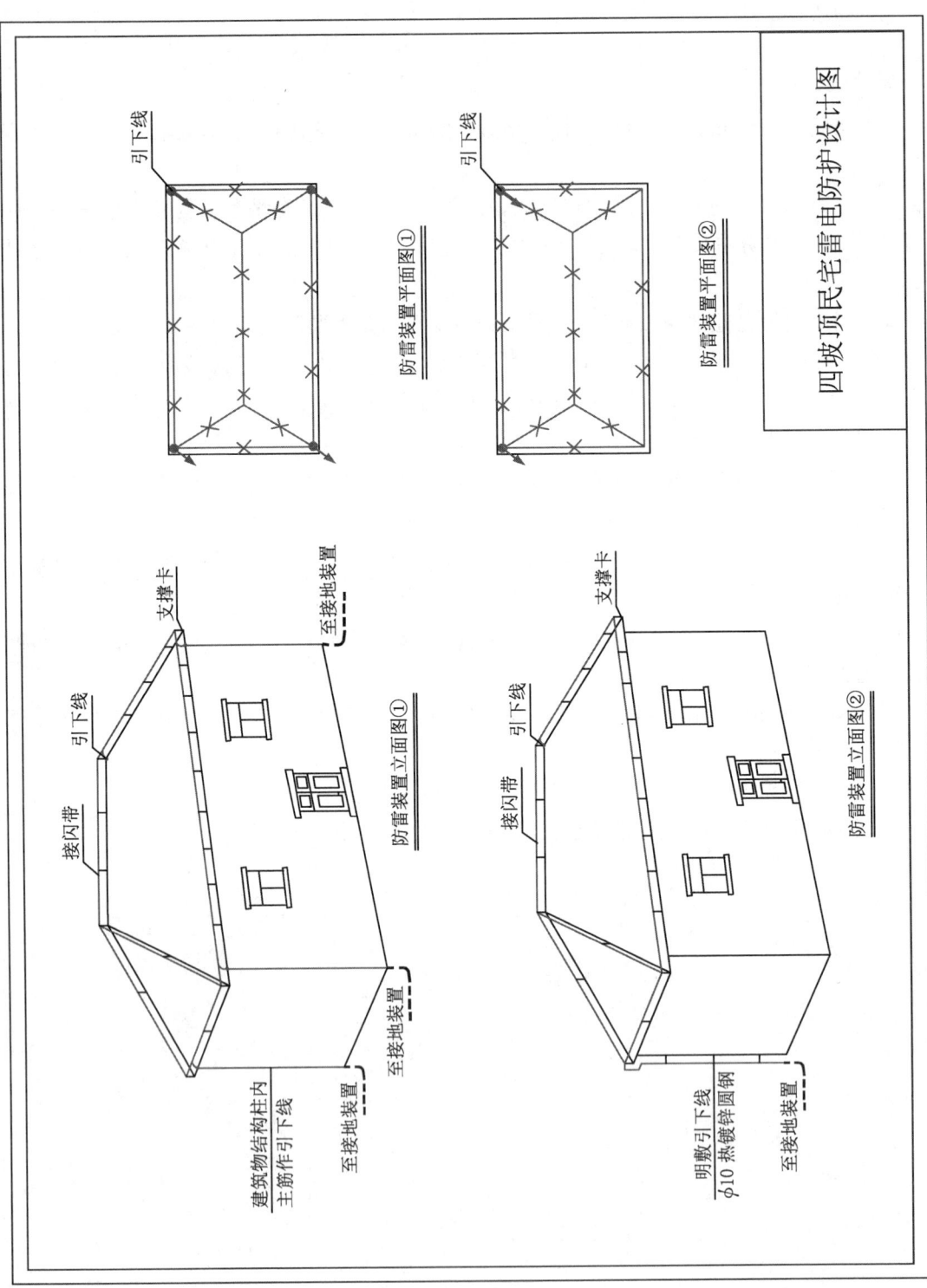

图 3-3 四坡顶民宅雷电防护设计图

3.1.4 多坡顶

设计说明：

(1) 接闪带沿屋角、屋脊、屋檐、檐角敷设，采用 $\phi 10$ 的热镀锌圆钢，安装方法见本手册 6.1.2 节。

(2) 当民宅为钢筋混凝土结构建筑时，在建筑物施工时优先将其结构柱内钢筋作为引下线，如图 3-4 中防雷装置立面图①和防雷装置平面图①所示。引下线施工方法见本手册 6.2.1 节。

(3) 当民宅为已建建筑或砖混结构建筑且需要安装防雷装置时，可明敷专设引下线，如图 3-4 中防雷装置立面图②和防雷装置平面图②所示。专设引下线应不少于 2 根，且远离建筑物出入口，并采取防接触电压措施（见本手册 1.0.6 条）。专设引下线的安装方法见本手册 6.2.2 节。

(4) 当民宅为钢筋混凝土基础建筑时，在建筑物施工时优先将其基础内钢筋作为接地装置，施工方法见本手册 6.3.1 节。

(5) 当民宅为已建建筑或为非钢筋混凝土基础建筑时，可采用人工接地体，并采取防跨步电压措施（见本手册 1.0.7 条），施工方法见本手册 6.3.2 节。

(6) 防雷接地、电气接地应共用同一接地装置，接地电阻应不大于 4Ω。若无电气接地，则接地电阻应不大于 30Ω。

(7) 水箱、热水器、光伏、卫星天线等屋顶用电设施及其他金属附属设施保护见本手册 4.1 和 4.4 节。

(8) 烟囱等屋顶非金属附属设施保护见本手册 4.2 节。

(9) 防雷装置的连接采用焊接方法，具体方法见本手册 6.6 节。

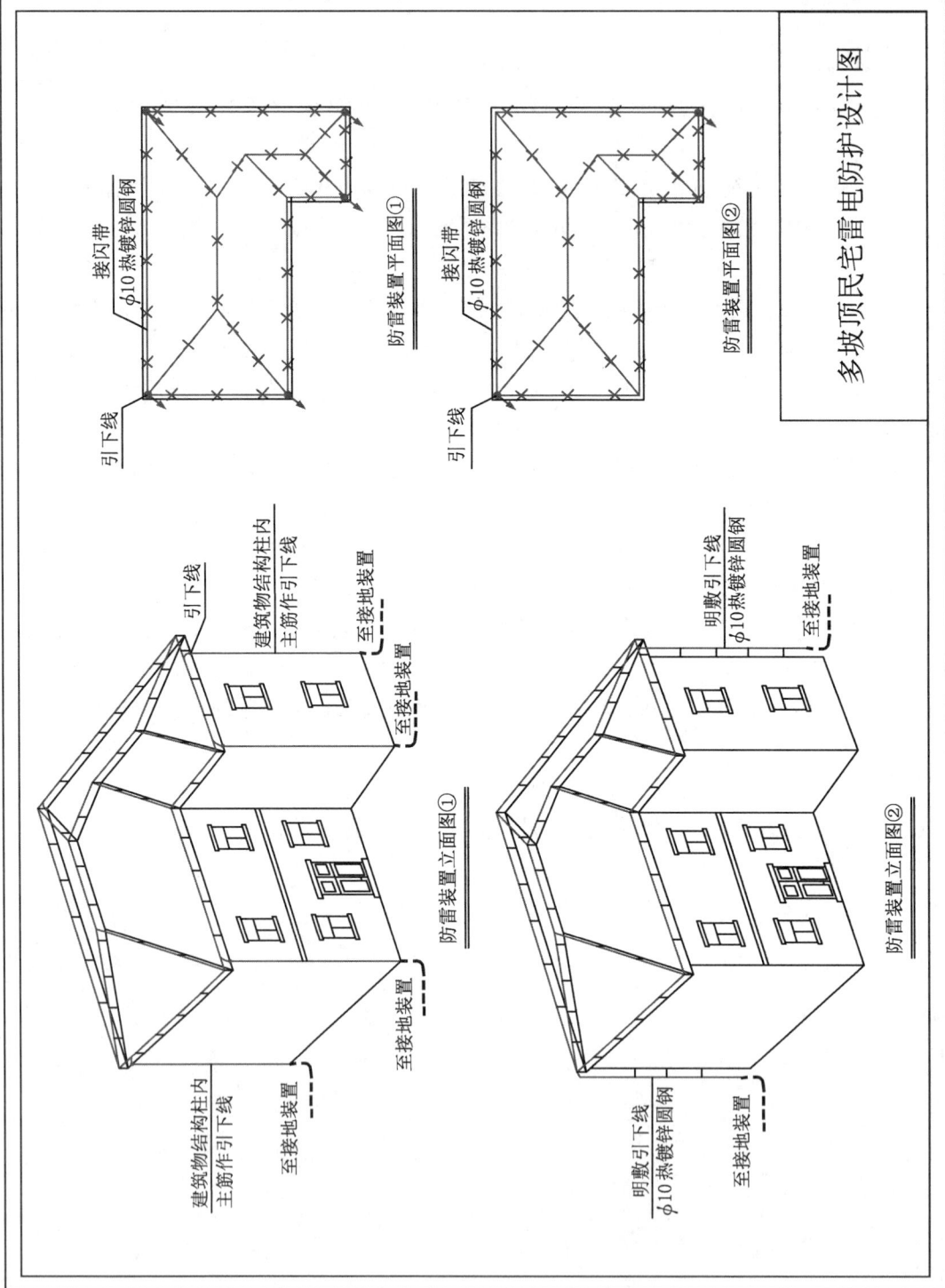

图 3-4 多坡顶民宅雷电防护设计图

3.1.5 有附加层建筑

设计说明：

（1）接闪带沿主体建筑女儿墙外围、附加层屋顶外围敷设，附加层屋顶接闪带应与主体建筑接闪带相互导通连接。接闪带采用 $\phi 10$ 的热镀锌圆钢，安装方法见本手册 6.1.2 节。

（2）当民宅为钢筋混凝土结构建筑时，在建筑物施工时优先将其结构柱内钢筋作为引下线，如图 3-5 中防雷装置立面图①和防雷装置平面图①所示。引下线施工方法见本手册 6.2.1 节。

（3）当民宅为已建建筑或砖混结构建筑且需要安装防雷装置时，可明敷专设引下线，如图 3-5 中防雷装置立面图②和防雷装置平面图②所示。专设引下线应不少于 2 根，且远离建筑物出入口，并采取防接触电压措施（见本手册 1.0.6 条）。专设引下线的安装方法见本手册 6.2.2 节。

（4）当民宅为钢筋混凝土基础建筑时，在建筑物施工时优先将其基础内钢筋作为接地装置，施工方法见本手册 6.3.1 节。

（5）当民宅为已建建筑或为非钢筋混凝土基础建筑时，可采用人工接地体，并采取防跨步电压措施（见本手册 1.0.7 条），施工方法见本手册 6.3.2 节。

（6）防雷接地、电气接地应共用同一接地装置，接地电阻应不大于 4Ω。若无电气接地，则接地电阻应不大于 30Ω。

（7）水箱、热水器、光伏、卫星天线等屋顶用电设施及其他金属附属设施保护见本手册 4.1 和 4.3 节。

（8）烟囱等屋顶非金属附属设施保护见本手册 4.2 节。

（9）防雷装置的连接采用焊接方法，具体方法见本手册 6.6 节。

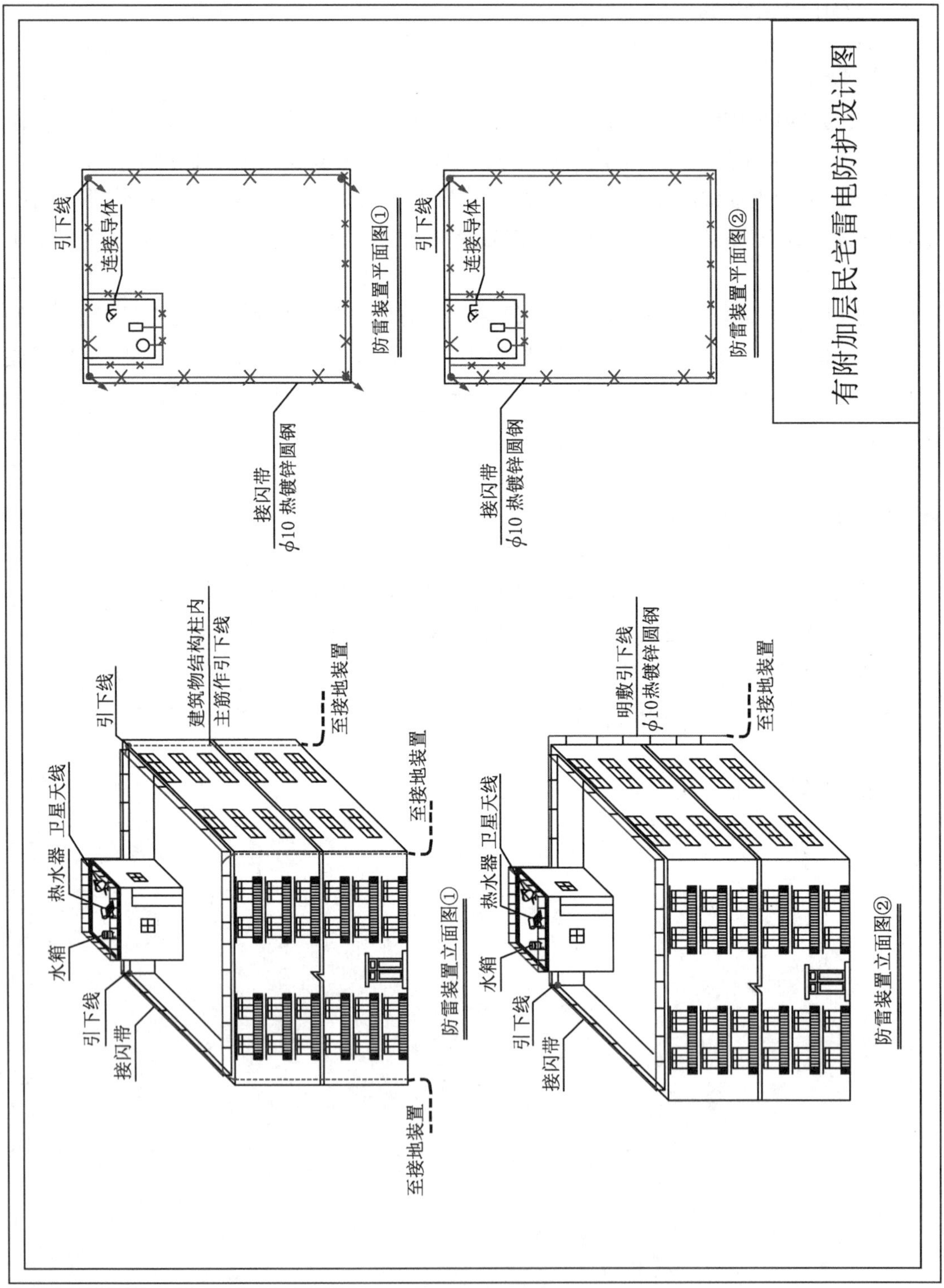

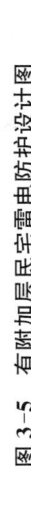

图 3-5 有附加层民宅雷电防护设计图

3.1.6 徽派建筑

设计说明：

（1）接闪带沿屋檐、屋脊、屋角、檐角、马头墙顶敷设，采用 $\phi 10$ 的热镀锌圆钢，安装方法见本手册 6.1.2 节。

（2）当徽派建筑为钢筋混凝土结构建筑时，在建筑物施工时优先将其结构柱内钢筋作为引下线，如图 3-6 中防雷装置立面图①和防雷装置平面图①所示。引下线施工方法见本手册 6.2.1 节。

（3）当徽派建筑为已建建筑或砖混结构建筑且需要安装防雷装置时，可明敷专设引下线，如图 3-6 中防雷装置立面图②和防雷装置平面图②所示。专设引下线应不少于 2 根，且远离建筑物出入口，并采取防接触电压措施（见本手册 1.0.6 条）。专设引下线的安装方法见本手册 6.2.2 节。

（4）当徽派建筑为钢筋混凝土基础建筑时，在建筑物施工时优先将其基础内钢筋作为接地装置，施工方法见本手册 6.3.1 节。

（5）当徽派建筑为已建建筑或为非钢筋混凝土基础建筑时，可采用人工接地体，并采取防跨步电压措施（见本手册 1.0.7 条），施工方法见本手册 6.3.2 节。

（6）防雷接地、电气接地应共用同一接地装置，接地电阻应不大于 4 Ω。若无电气接地，则接地电阻应不大于 30 Ω。

（7）水箱、热水器、光伏、卫星天线等屋顶用电设施及其他金属附属设施保护见本手册 4.1 和 4.3 节。

（8）烟囱等屋顶非金属附属设施保护见本手册 4.2 节。

（9）防雷装置的连接采用焊接方法，具体方法见本手册 6.6 节。

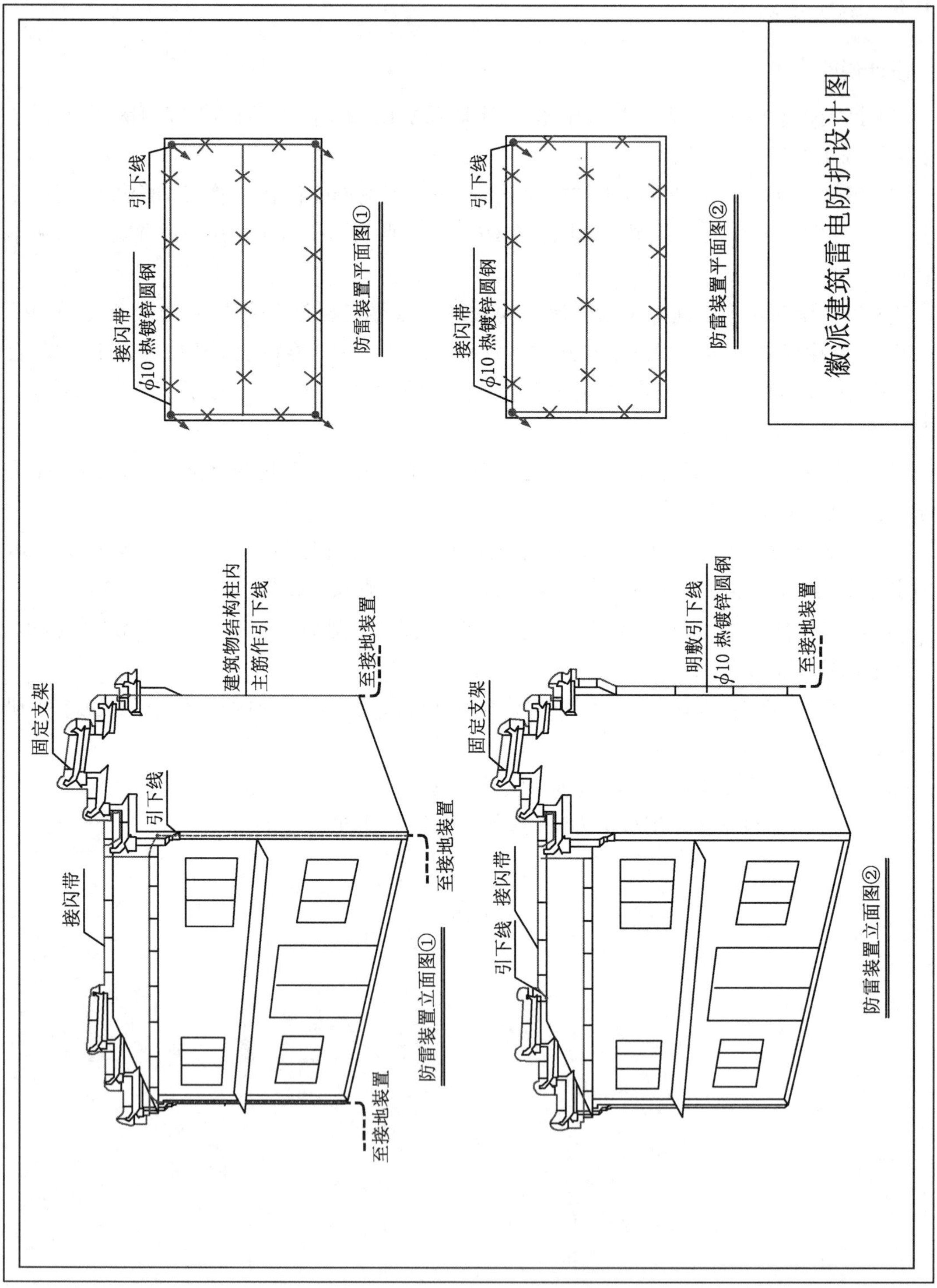

图 3-6 徽派建筑雷电防护设计图

3.1.7 围屋建筑

3.1.7.1 圆形围屋

设计说明：

（1）接闪带沿屋脊敷设，采用 $\phi 10$ 的热镀锌圆钢，安装方法见本手册 6.1.2 节。

（2）引下线可采用明敷专设引下线，专设引下线应不少于 2 根，并应沿建筑物四周布置，其间距沿周长不应大于 25 m，且远离建筑物出入口，并采取防接触电压措施（见本手册 1.0.6 条）。专设引下线的安装方法见本手册 6.2.2 节。

（3）接地装置可沿建筑物周边敷设人工接地体，并采取防跨步电压措施（见本手册 1.0.7 条），施工方法见本手册 6.3.2 节。

（4）防雷接地、电气接地应共用同一接地装置，接地电阻应不大于 4 Ω。若无电气接地，则接地电阻应不大于 30 Ω。

（5）防雷装置的连接采用焊接方法，具体方法见本手册 6.6 节。

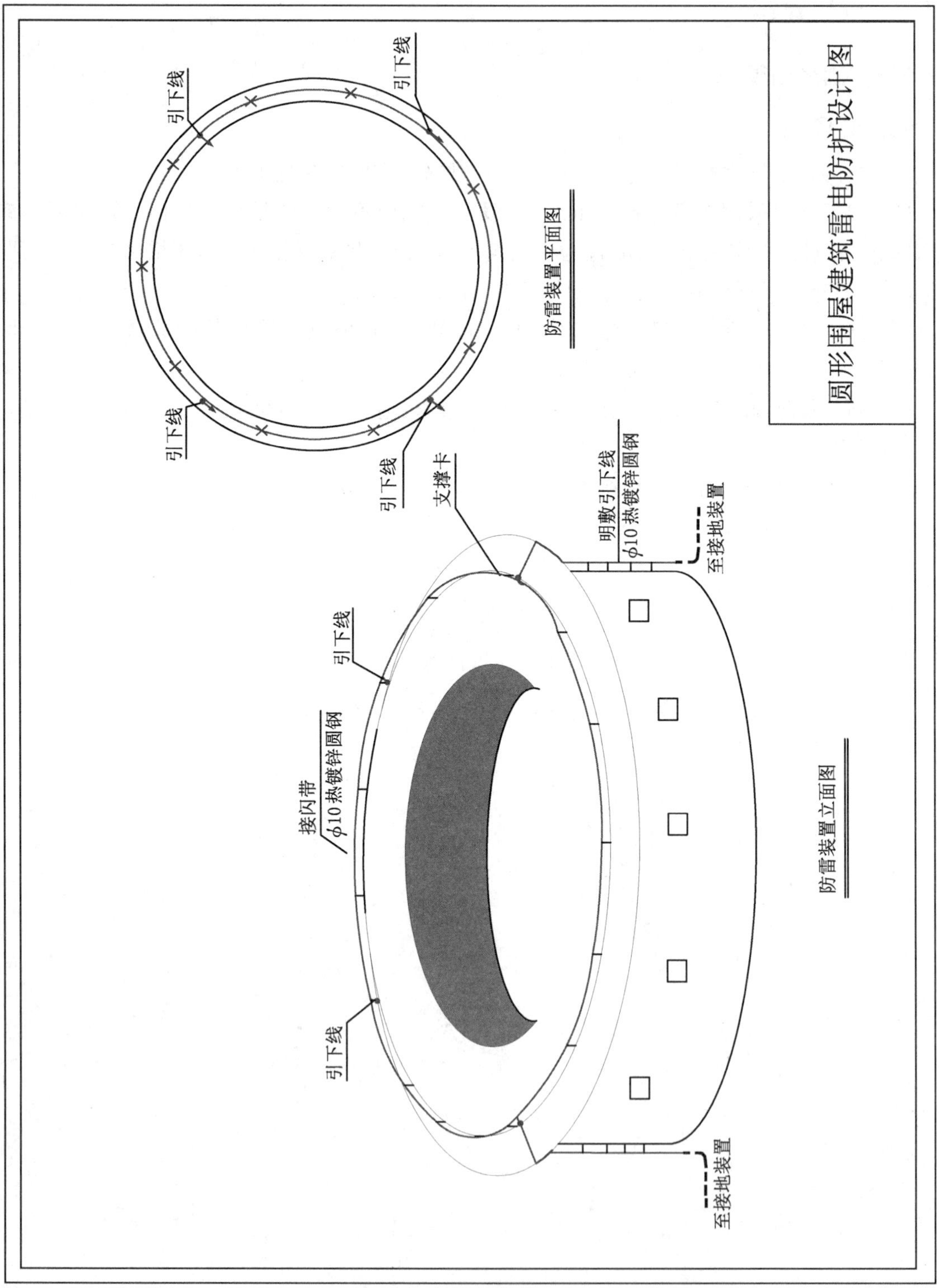

图 3-7 圆形围屋建筑雷电防护设计图

3.1.7.2 方形围屋建筑

设计说明：

（1）接闪带沿屋脊敷设，采用 ϕ10 的热镀锌圆钢，安装方法见本手册 6.1.2 节。

（2）引下线可采用明敷专设引下线，首先沿围屋边角敷设专设引下线，当其间距沿周长大于 25 m 时，应在中间增加引下线。专设引下线远离建筑物出入口，并采取防接触电压措施（见本手册 1.0.6 条）。专设引下线的安装方法见本手册 6.2.2 节。

（3）接地装置可沿建筑物周边敷设人工接地体，并采取防跨步电压措施（见本手册 1.0.7 条），施工方法见本手册 6.3.2 节。

（4）防雷接地、电气接地应共用同一接地装置，接地电阻应不大于 4 Ω。若无电气接地，则接地电阻应不大于 30 Ω。

（5）防雷装置的连接采用焊接方法，具体方法见本手册 6.6 节。

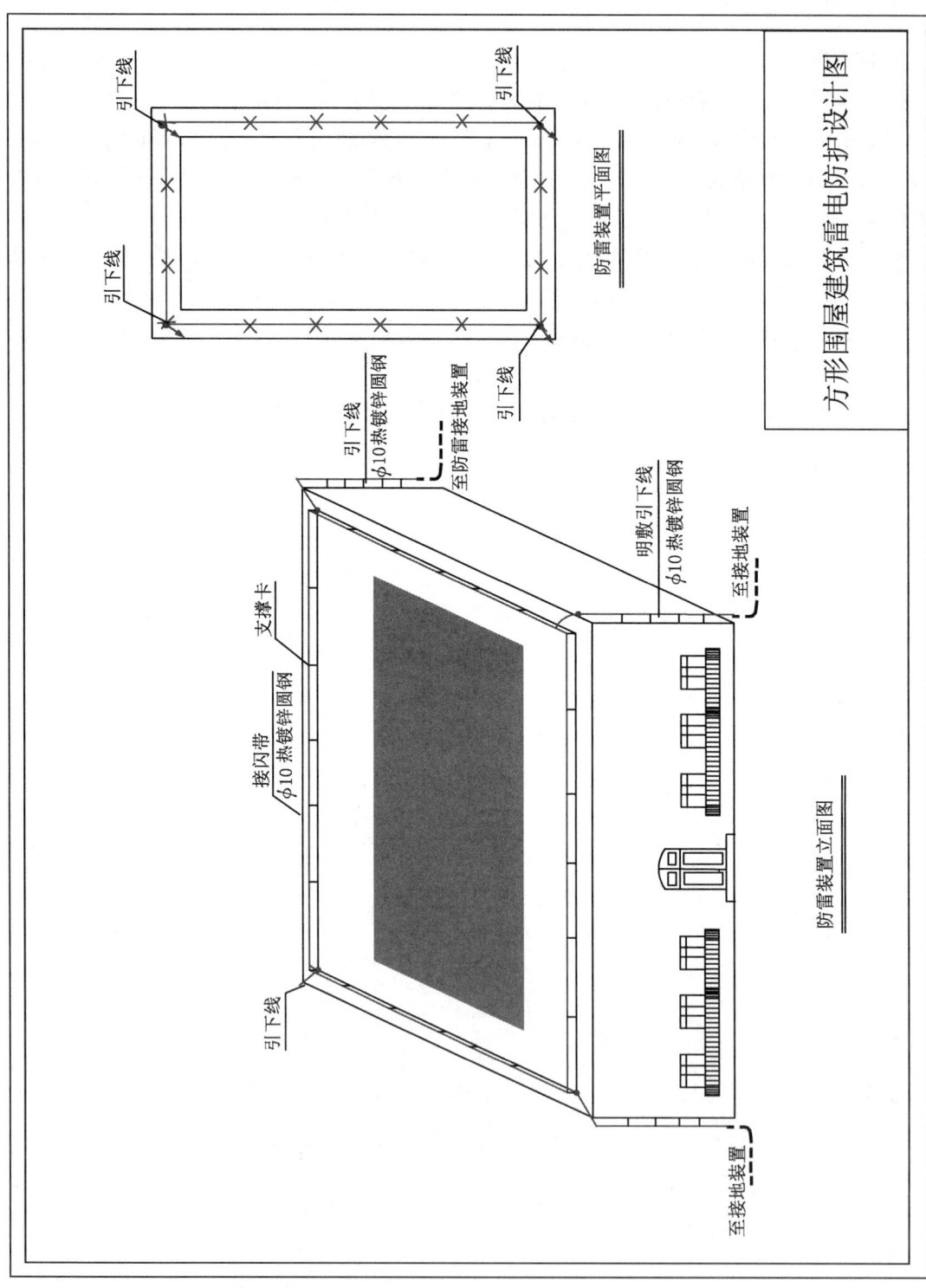

图 3-8 方形屋建筑雷电防护设计图

3.2 烟囱

设计说明：

（1）烟囱顶部敷设接闪带和2根接闪杆，接闪带和接闪杆应当电气导通。接闪带采用 $\phi 12$ 的热镀锌圆钢或 25 mm×4 mm 热镀锌扁钢，接闪杆采用 $\phi 25$ 的热镀锌圆钢，长度应不大于1 m。接闪带安装方法见本手册6.1.2节，接闪杆的安装方法如图3-9所示。

（2）当烟囱高度超过40 m时，应设两根引下线；不超过40 m时，则可只设一根，可将螺栓连接或焊接的金属爬梯作为2根引下线使用。钢筋混凝土烟囱在其施工时，优先将其内部主筋（不少于两根 $\phi 16$）作为引下线。引下线的安装方法见本手册6.2.1节。

（3）烟囱上有金属构件时，应与引下线连接。

（4）接地装置应优先利用基础内的钢筋（自然接地体），也可以设置人工接地体，接地装置安装方法见本手册6.3节。接地电阻应不大于30 Ω。

（5）金属烟囱不需要安装接闪带、接闪杆和引下线，但应做接地处理，接地装置安装方法见本手册6.3节。

（6）防雷装置的连接采用焊接方法，具体方法见本手册6.6节。

（7）当排放有腐蚀气体时，构件应使用防腐材料或做防腐处理。

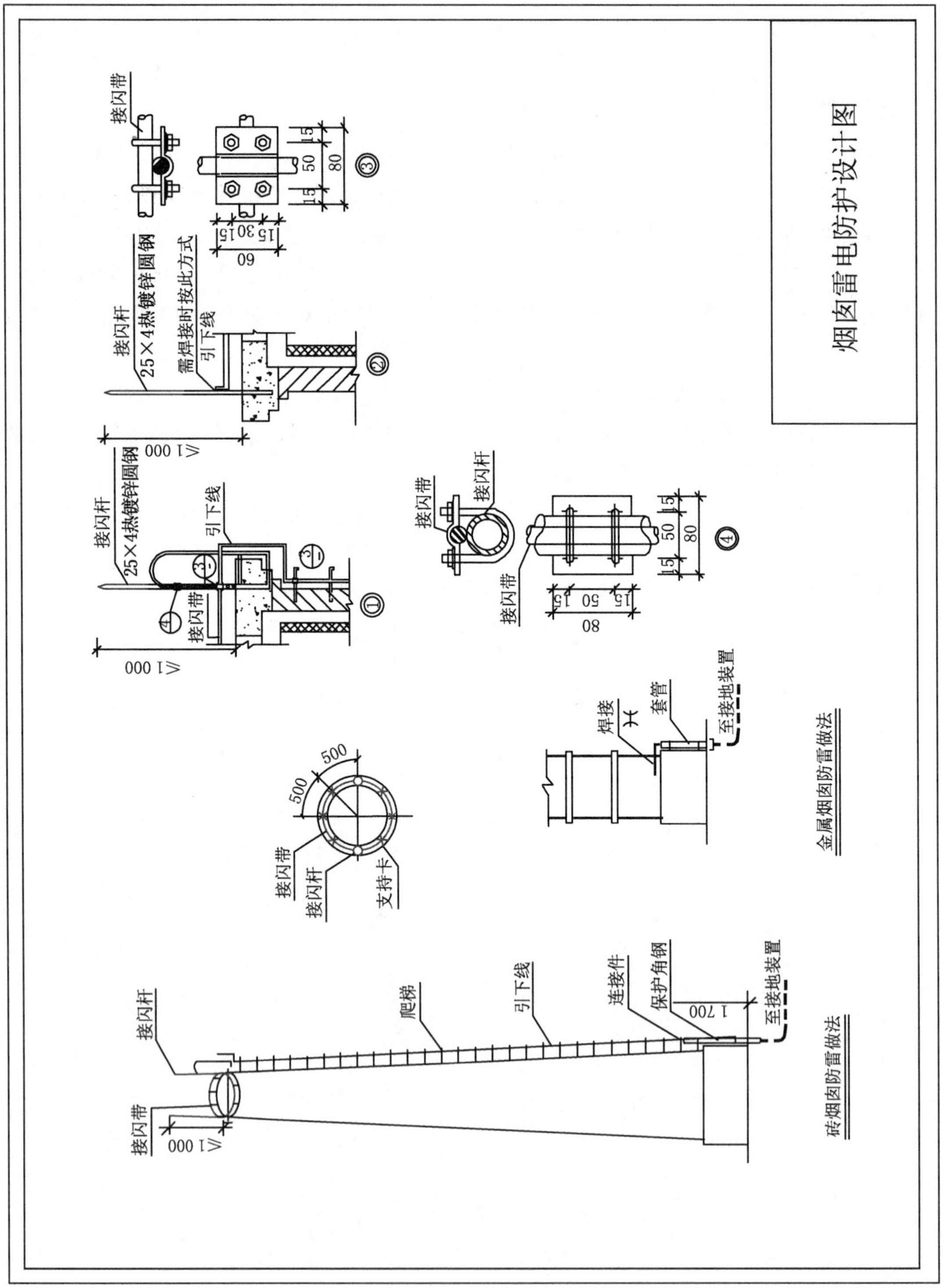

图 3-9 烟囱雷电防护设计图

3.3 学校、幼儿园

设计说明：

（1）按照本手册第 2 章方法确定学校、幼儿园的防雷分类。

（2）接闪带沿女儿墙外围、屋角、屋脊、屋檐、檐角敷设。属于第二类防雷建筑物时，接闪带应组成不大于 10 m×10 m 或 12 m×8 m 网格尺寸；属于第三类防雷建筑物时，接闪带应组成不大于 20 m×20 m 或 24 m×16 m 网格尺寸。接闪带采用 $\phi 10$ 的热镀锌圆钢，安装方法见本手册 6.1.2 节。

（3）当学校、幼儿园为钢筋混凝土结构建筑时，在建筑物施工时优先将其结构柱内钢筋作为引下线，分别如图 3-10 和图 3-11 中的防雷装置立面图①和防雷装置平面图①所示。属于第二类防雷建筑物时，引下线间距应不大于 18 m；属于第三类防雷建筑物时，引下线间距应不大于 25 m。引下线施工方法见本手册 6.2.1 节。

（4）当学校、幼儿园为已建建筑或砖混结构建筑需要安装防雷装置时，可明敷专设引下线，分别如图 3-10 和图 3-11 中的防雷装置立面图②和防雷装置平面图②所示。属于第二类防雷建筑物时，专设引下线平均间距应不大于 18 m；属于第三类防雷建筑物时，专设引下线平均间距应不大于 25 m。专设引下线远离建筑物出入口敷设，并采取防接触电压措施（见本手册 1.0.6 条）。专设引下线的安装方法见本手册 6.2.2 节。

（5）当学校、幼儿园为钢筋混凝土基础建筑时，在建筑物施工时优先将其基础内钢筋作为接地装置，施工方法见本手册 6.3.1 节。

（6）当学校、幼儿园为已建建筑或为非钢筋混凝土基础建筑时，可采用人工接地体，并采取防跨步电压措施（见本手册 1.0.7 条），施工方法见本手册 6.3.2 节。

（7）防雷接地应与电气系统、电子系统接地共用同一接地装置，接地电阻由电气系统、电子系统要求的最小值确定。若无电气系统和电子系统接地，则接地电阻应不大于 10 Ω。

（8）水箱、热水器、光伏、卫星天线等屋顶用电设施及其他金属附属设施保护见本手册 4.1 和 4.3 节。

（9）屋顶非金属附属设施可以采用接闪带和接闪杆保护，见本手册 4.2 节。

（10）屋顶有附加层时，附加层接闪带布设可参照本手册 3.1.5 节。

（11）防雷装置的连接采用焊接方法，具体方法见本手册 6.6 节。

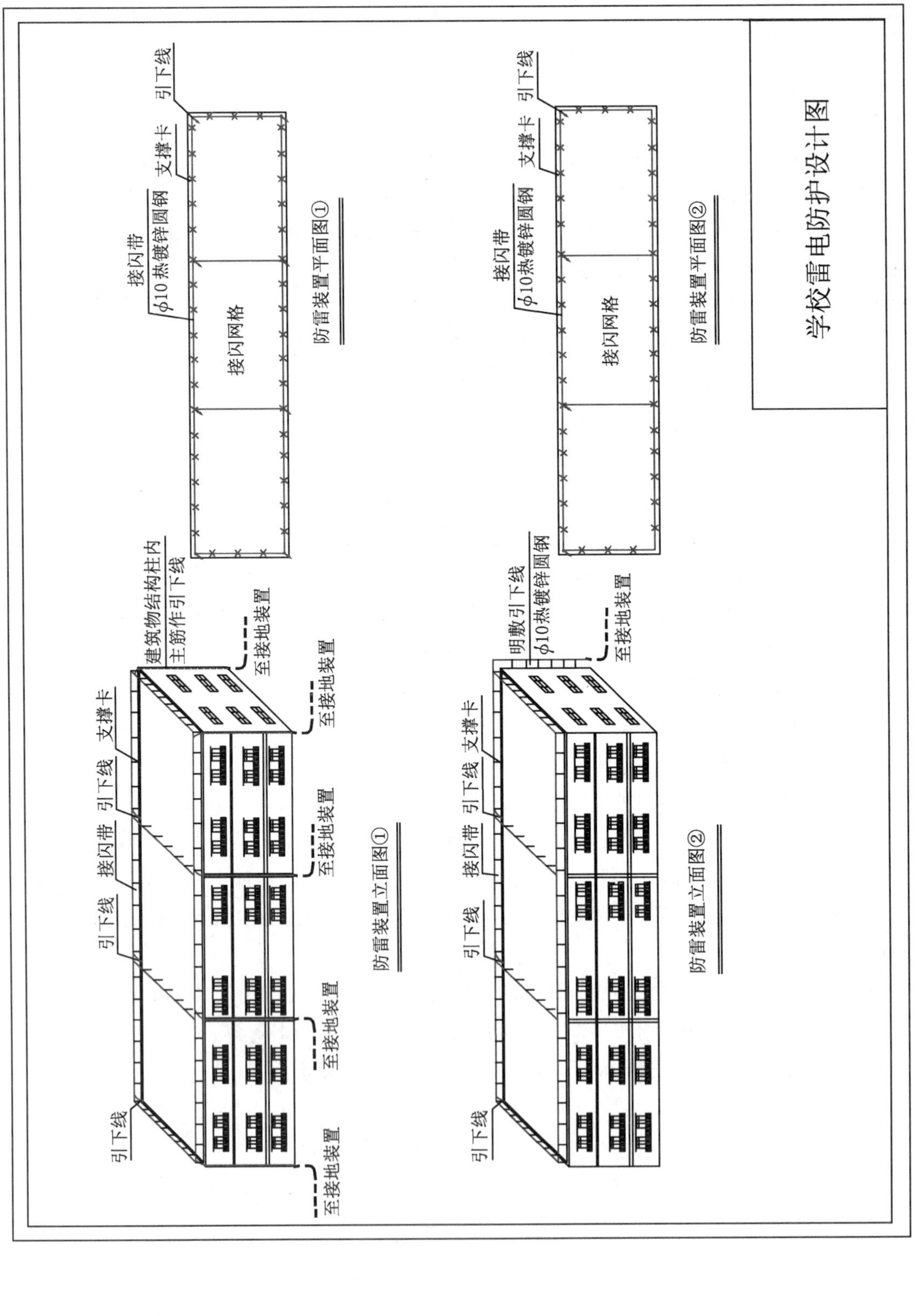

图 3-10 学校雷电防护设计图

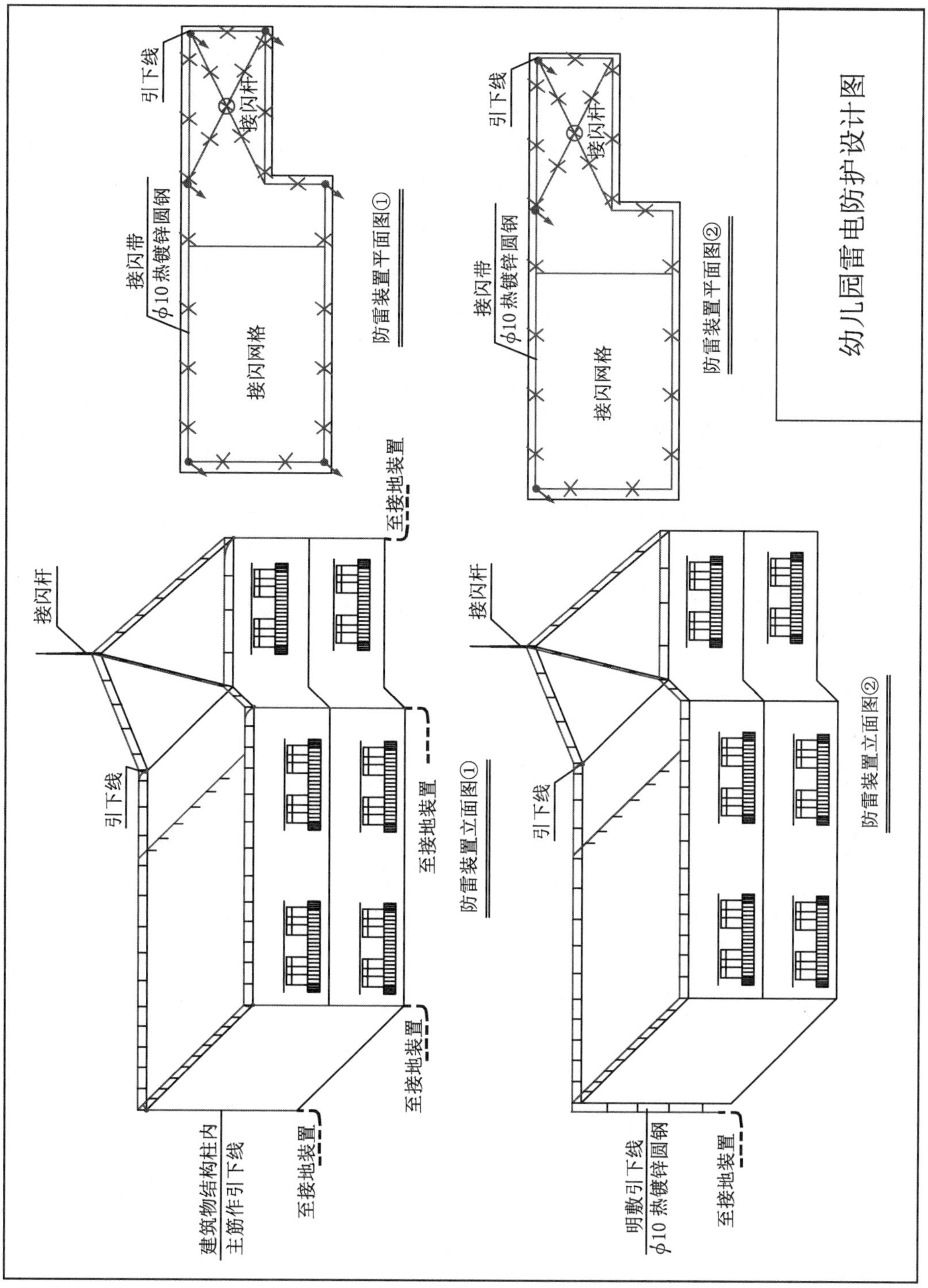

图 3-11 幼儿园雷电防护设计图

3.4 避雨亭

设计说明：

(1) 接闪带沿屋角、檐角、斜脊敷设。若为平顶或其他造型避雨亭，接闪带布设可参考本手册 3.1 节布设方法。接闪带采用 $\phi 10$ 的热镀锌圆钢，安装方法见本手册 6.1.2 节。

(2) 当避雨亭为钢筋混凝土结构建筑时，在建筑物施工时优先将其结构柱内钢筋作为引下线，如图 3-12 中防雷装置立面图①所示。引下线施工方法见本手册 6.2.1 节。

(3) 当避雨亭为已建建筑或砖混、木质结构建筑且需要安装防雷装置时，可明敷专设引下线，如图 3-12 中防雷装置立面图②所示。专设引下线应不少于 2 根，并采取防接触电压措施(见本手册 1.0.6 条)。专设引下线的安装方法见本手册 6.2.2 节。

(4) 当避雨亭为钢筋混凝土基础建筑时，在建筑物施工时优先将其基础内钢筋作为接地装置，施工方法见本手册 6.3.1 节。

(5) 当避雨亭为已建建筑或为非钢筋混凝土基础建筑时，可采用人工接地体，并采取防跨步电压措施(见本手册 1.0.7 条)，施工方法见本手册 6.3.2 节。

(6) 避雨亭的防雷接地电阻应不大于 30 Ω。

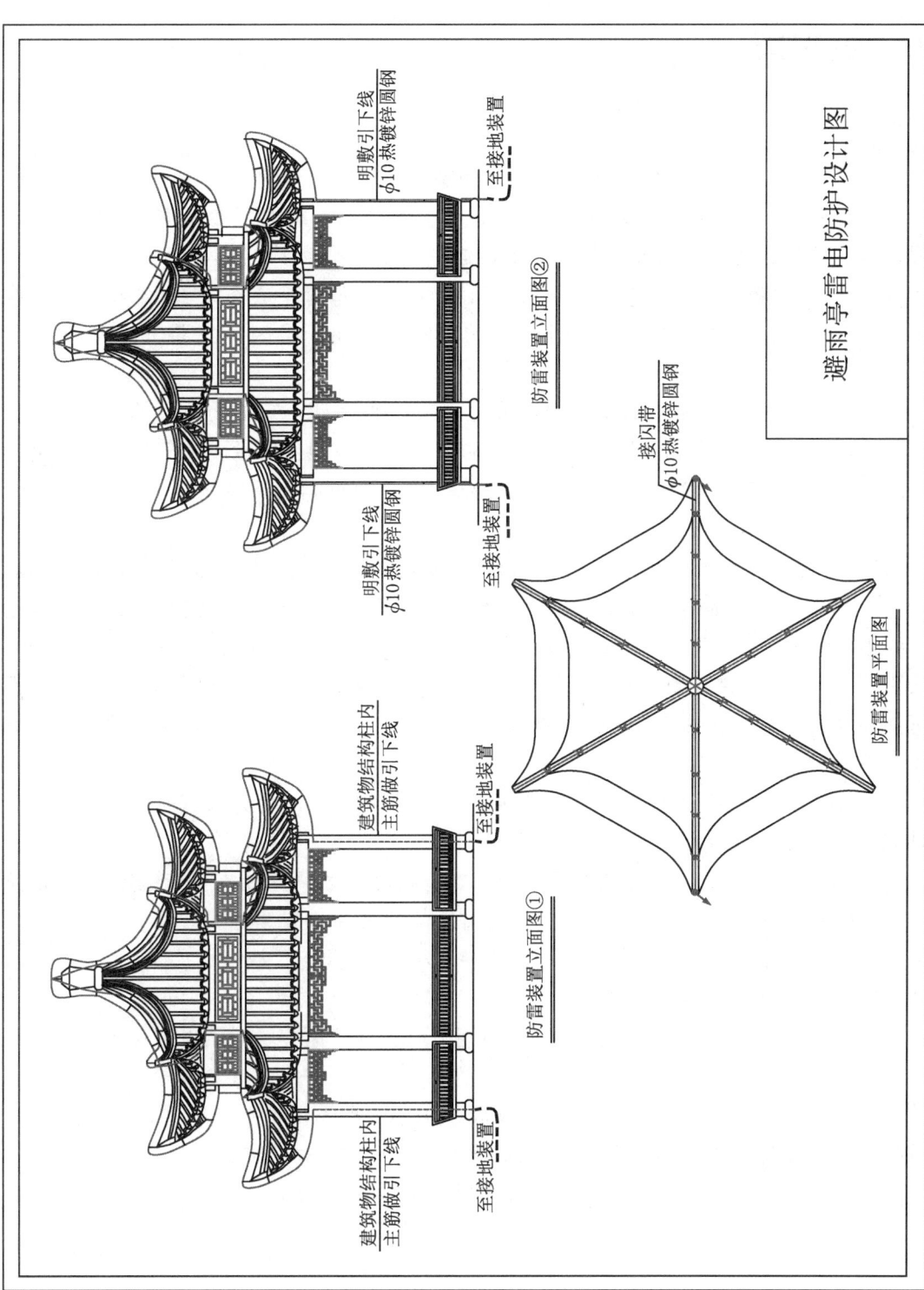

图 3-12 避雨亭雷电防护设计图

3.5 农贸市场

设计说明：

(1) 按照本手册第 2 章方法确定农贸市场的防雷分类。

(2) 接闪带沿女儿墙外围敷设，非平顶农贸市场接闪带敷设可参照本手册 3.1.2～3.1.4 节民宅屋顶敷设方法。属于第二类防雷建筑物时，接闪带应组成不大于 10 m×10 m 或 12 m×8 m 网格尺寸；属于第三类防雷建筑物时，接闪带应组成不大于 20 m×20 m 或 24 m×16 m 网格尺寸。接闪带采用 ϕ10 的热镀锌圆钢。接闪带安装方法见本手册 6.1.2 节。

(3) 当农贸市场为钢筋混凝土结构建筑时，在建筑物施工时优先将其结构柱内钢筋作为引下线，如图 3-13 中防雷装置立面图①和防雷装置平面图①所示。属于第二类防雷建筑物时，引下线间距应不大于 18 m；属于第三类防雷建筑物时，引下线间距应不大于 25 m。引下线施工方法见本手册 6.2.1 节。

(4) 当已建农贸市场或砖混结构农贸市场需要安装防雷装置时，可明敷专设引下线，如图 3-13 中防雷装置立面图②和防雷装置平面图②所示。属于第二类防雷建筑物时，专设引下线平均间距应不大于 18 m；属于第三类防雷建筑物时，引下线平均间距应不大于 25 m。专设引下线首先敷设在建筑物边角，当平均间距达不到要求时，可适当增加引下线。专设应远离建筑物出入口，并采取防接触电压措施（见本手册 1.0.6 条）。专设引下线的安装方法见本手册 6.2.2 节。

(5) 当农贸市场为钢筋混凝土基础建筑时，在建筑物施工时优先将其基础内钢筋作为接地装置，施工方法见本手册 6.3.1 节。

(6) 当农贸市场为已建建筑或非钢筋混凝土基础建筑时，可采用人工接地体，并采取防跨步电压措施（见本手册 1.0.7 条），施工方法见本手册 6.3.2 节。

(7) 防雷接地、电气接地应共用同一接地装置，接地电阻应不大于 4 Ω。若无电气接地，则接地电阻应不大于 10 Ω。

(8) 水箱、热水器、光伏、卫星天线等屋顶用电设施及其他金属附属设施保护见本手册 4.1 和 4.3 节。

(9) 屋顶非金属附属设施可以采用接闪带和接闪杆保护，见本手册 4.2 节。

(10) 屋顶有附加层时，附加层接闪带布设可参考本手册 3.1.5 节。

(11) 防雷装置的连接采用焊接方法，具体方法见本手册 6.6 节。

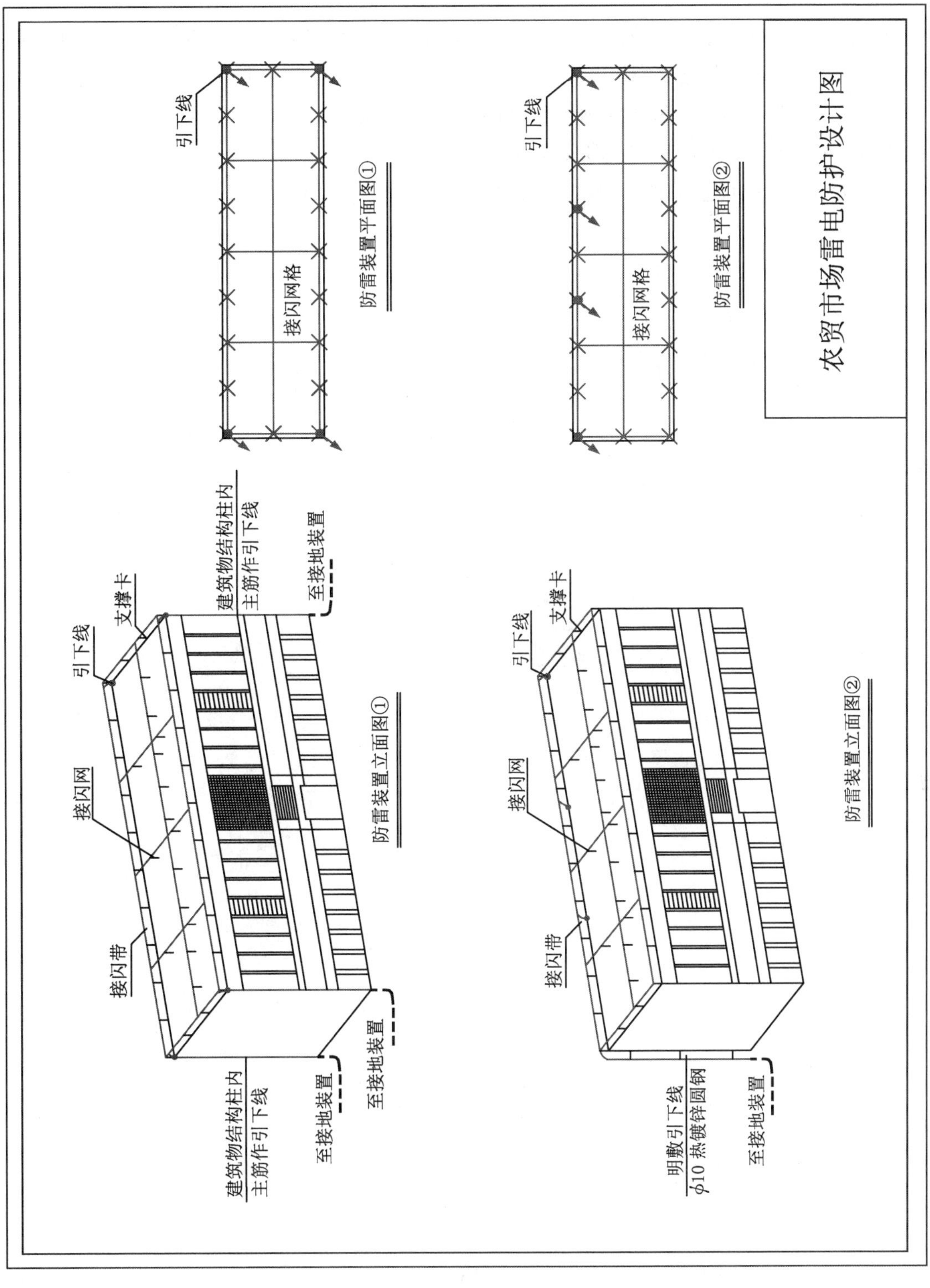

图 3-13　农贸市场雷电防护设计图

设计说明:

(1) 将钢结构屋顶作为接闪器,将所有钢结构柱作为引下线,接闪器与引下线之间应电气导通,连接方法采用焊接、螺栓紧固或其他方法,焊接方法见本手册6.6节。

(2) 接地装置优先采用钢柱基础(自然接地体),当接地电阻大于10Ω时,应补加人工接地体,接地体的安装方法见本手册6.3节。

(3) 在钢柱旁应设置警示牌,提醒人员在雷雨天气不要靠近。

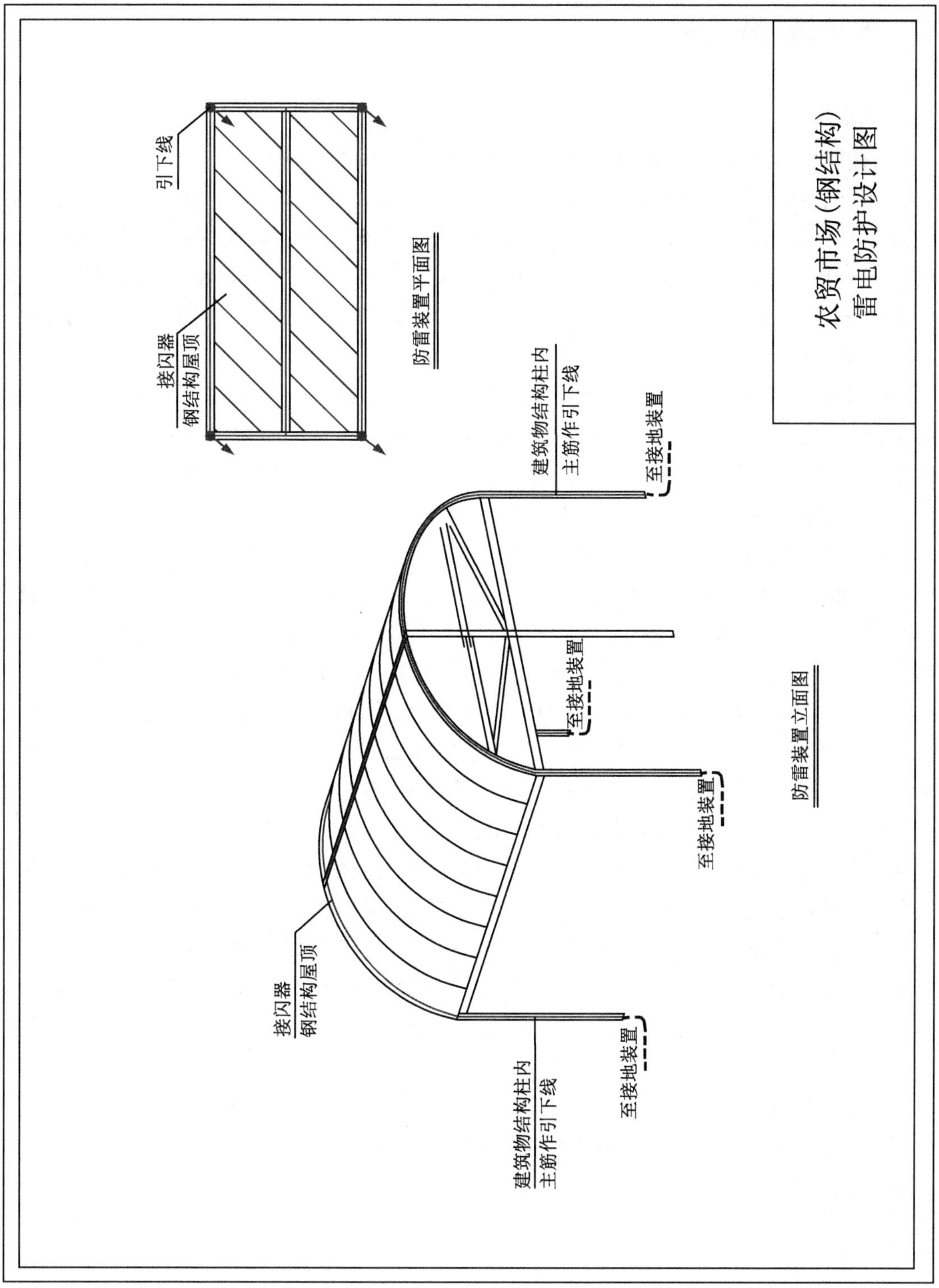

图 3-14 农贸市场（钢结构）雷电防护设计图

3.6 养老院（敬老院）

设计说明：

（1）按照本手册第 2 部分方法确定养老院（敬老院）的防雷分类。

（2）接闪带沿女儿墙外围、屋角、屋檐、檐角敷设，图 3-15 以外类型屋顶接闪带可参照本手册 3.1.1、3.1.2、3.1.4、3.1.5 节民宅敷设方法。属于第二类防雷建筑物时，接闪带应组成不大于 10 m×10 m 或 12 m×8 m 网格尺寸；属于第三类防雷建筑物时，接闪带应组成不大于 20 m×20 m 或 24 m×16 m 网格尺寸。接闪带采用 $\phi 10$ 的热镀锌圆钢，安装方法见本手册 6.1.2 节。

（3）当养老院（敬老院）为钢筋混凝土结构建筑时，在建筑物施工时优先将其结构柱内钢筋作为引下线，如图 3-15 中防雷装置立面图①和防雷装置平面图①所示。属于第二类防雷建筑物时，引下线间距应不大于 18 m；属于第三类防雷建筑物时，引下线间距应不大于 25 m。引下线施工方法见本手册 6.2.1 节。

（4）当养老院（敬老院）为已建建筑或砖混结构建筑且需要安装防雷装置时，可明敷专设引下线，如图 3-15 中的防雷装置立面图②和防雷装置平面图②所示。属于第二类防雷建筑物时，专设引下线平均间距应不大于 18 m；属于第三类防雷建筑物时，引下线平均间距应不大于 25 m。专设引下线首先敷设在建筑物边角，当平均间距达不到要求时，可适当增加引下线。专设引下线应不少于 2 根，且远离建筑物出入口，并采取防接触电压措施（见本手册 1.0.6 条）。专设引下线的安装方法见本手册 6.2.2 节。

（5）当养老院（敬老院）为钢筋混凝土基础建筑时，在建筑物施工时优先将其基础内钢筋作为接地装置，施工方法见本手册 6.3.1 节。

（6）当养老院（敬老院）为已建建筑或为非钢筋混凝土基础建筑时，可采用人工接地体，并采取防跨步电压措施（见本手册 1.0.7 条），施工方法见本手册 6.3.2 节。

（7）防雷接地应与电气系统、电子系统接地共用同一接地装置，接地电阻由电气系统和电子系统最小值确定。若无电气系统和电子系统接地，则接地电阻应不大于 10 Ω。

（8）水箱、热水器、光伏、卫星天线等屋顶用电设施及其他金属附属设施保护见本手册 4.1 和 4.3 节。

（9）屋顶非金属附属设施可以采用接闪带和接闪杆保护，见本手册 4.2 节。

（10）屋顶有附加层时，附加层接闪带布设可参考本手册 3.1.5 节。

（11）防雷装置的连接采用焊接方法，具体方法见本手册 6.6 节。

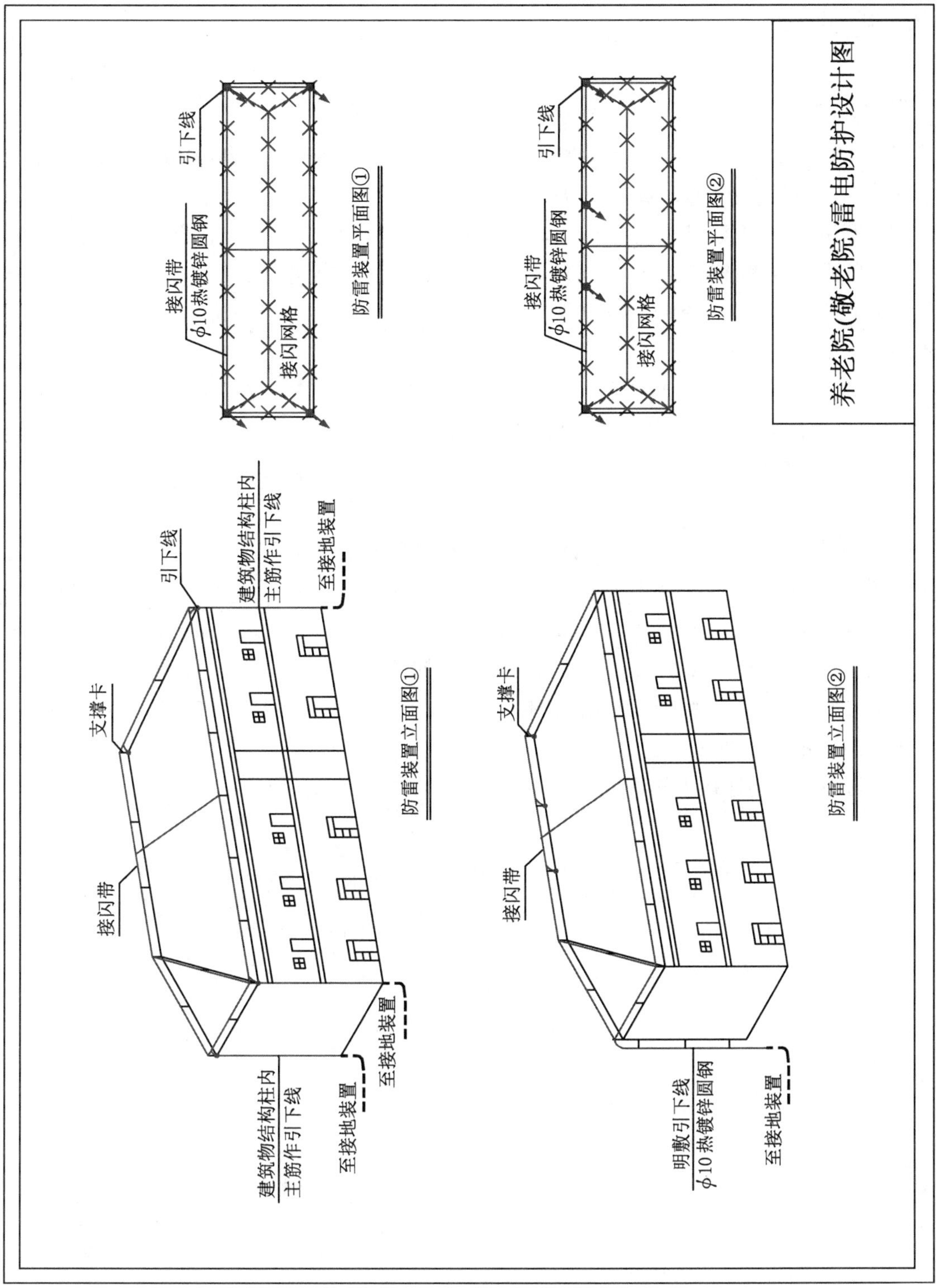

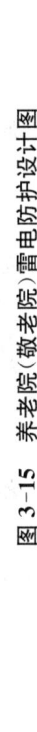

图 3-15 养老院(敬老院)雷电防护设计图

3.7 祠堂

设计说明：

（1）接闪带沿屋脊、屋角、屋檐、檐角、马头墙等易受雷击部位敷设，其他造型的可参照本手册3.1节布设。接闪带应组成不应大于20 m×20 m或24 m×16 m的网格，采用ϕ10的热镀锌圆钢，安装方法见本手册6.1.2节。

（2）当祠堂为钢筋混凝土结构建筑时，在建筑物施工时优先将其结构柱内钢筋作为引下线，如图3-16、图3-17中防雷装置立面图①和防雷装置平面图①所示。引下线施工方法见本手册6.2.1节。

（3）当祠堂为已建建筑或砖混、木质结构建筑且需要安装防雷装置时，可明敷专设引下线，如图3-16、图3-17中防雷装置立面图②和防雷装置平面图②所示。专设引下线应不少于2根，且远离建筑物出入口，并采取防接触电压措施（见本手册1.0.6条）。专设引下线的安装方法见本手册6.2.2节。

（4）当祠堂基础为钢筋混凝土基础建筑时，在建筑物施工时优先将其基础内钢筋作为接地装置，施工方法见本手册6.3.1节。

（5）当祠堂为已建建筑或为非钢筋混凝土基础建筑时，可采用人工接地体，并采取防跨步电压措施（见本手册1.0.7条），施工方法见本手册6.3.2节。

（6）防雷接地、电气接地应共用同一接地装置，接地电阻应不大于4 Ω。若无电气接地，则接地电阻应不大于30 Ω。

（7）防雷装置的连接采用焊接方法，具体方法见本手册6.6节。

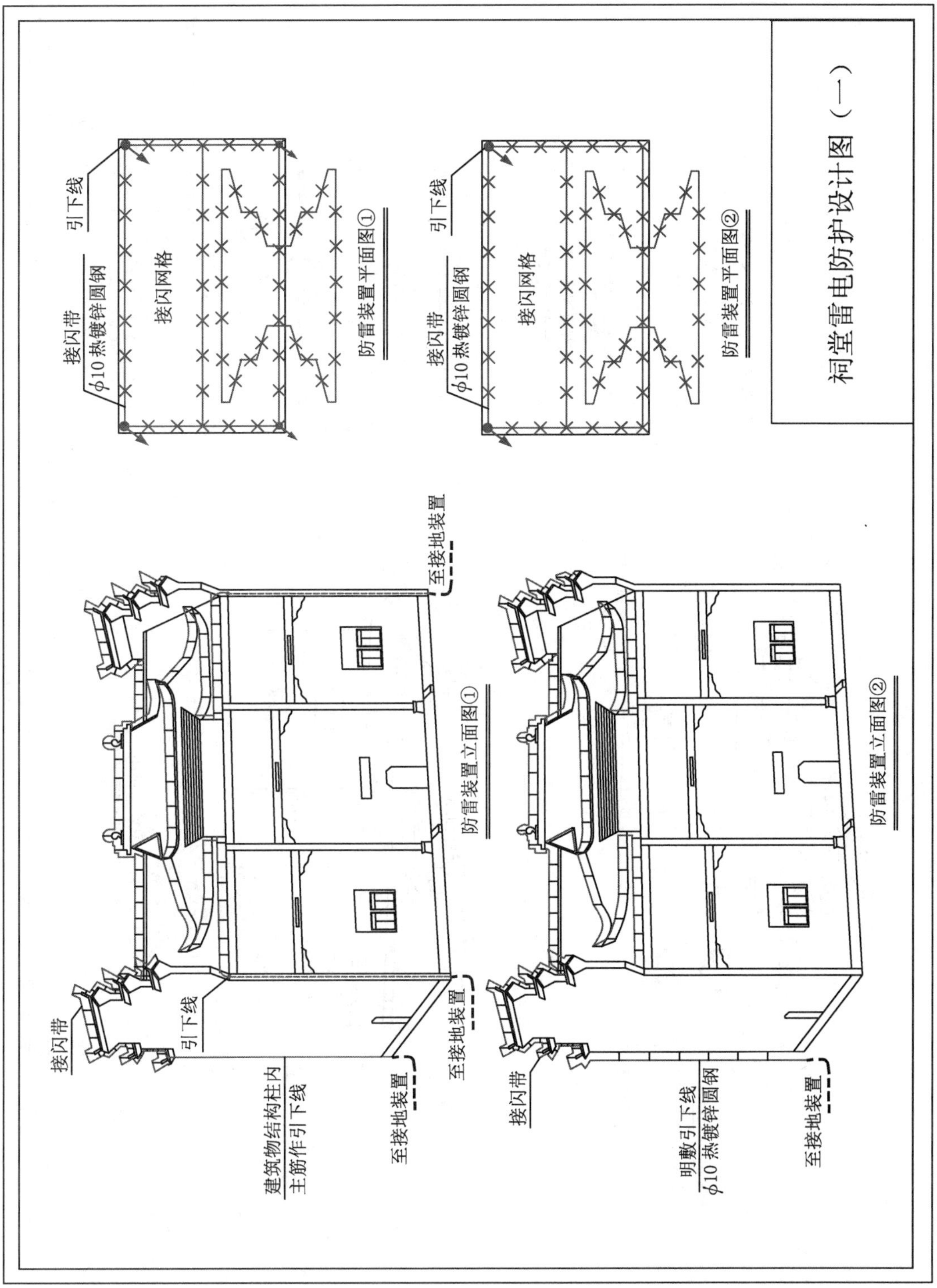

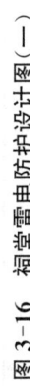

图 3-16 祠堂雷电防护设计图（一）

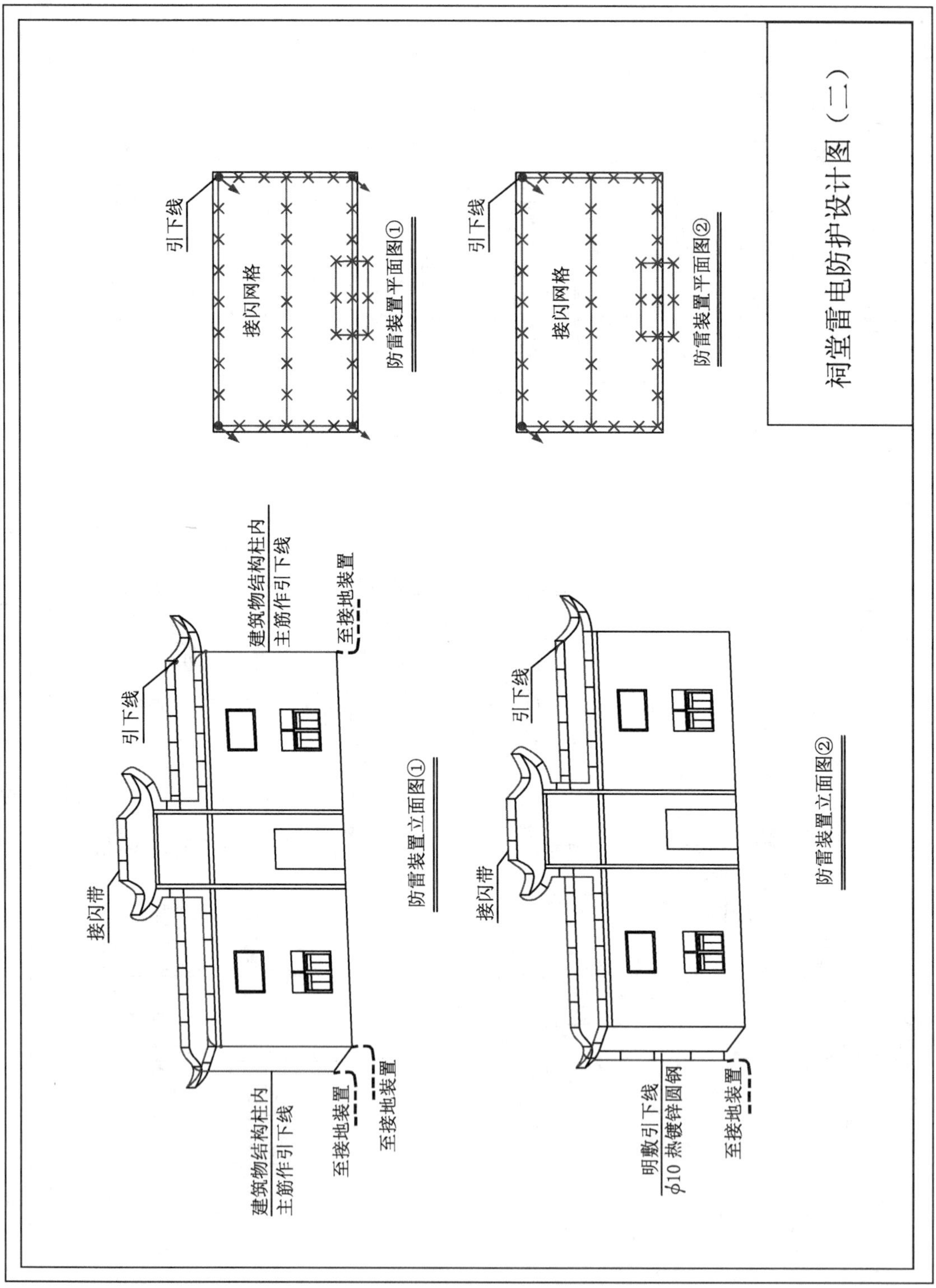

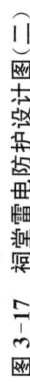

图 3-17 祠堂雷电防护设计图（二）

3.8 村委会

设计说明:

(1) 防雷接闪带沿女儿墙外围等易受雷击部位敷设,其他造型的可参考本手册 3.1 节布设。接闪带应组成不应大于 20 m×20 m 或 24 m×16 m 的网格,采用 φ10 的热镀锌圆钢,安装方法见本手册 6.1.2 节。

(2) 当村委会为钢筋混凝土结构建筑时,在建筑物施工时优先将其结构柱内钢筋作为引下线,如图 3-18 中防雷装置立面图①和防雷装置平面图①所示。引下线施工方法见本手册 6.2.1 节。

(3) 当村委会为已建建筑或砖混结构建筑且需要安装防雷装置时,可明敷专设引下线,如图 3-18 中防雷装置立面图②和防雷装置平面图②所示。专设引下线应不少于 2 根,且远离建筑物出入口,并采取防接触电压措施(见本手册 1.0.6 条)。专设引下线的安装方法见本手册 6.2.2 节。

(4) 当村委会建筑为钢筋混凝土基础建筑时,在建筑物施工时优先将其基础内钢筋作为接地装置,施工方法见本手册 6.3.1 节。

(5) 当村委会为已建建筑或为非钢筋混凝土基础建筑时,可采用人工接地体,并采取防跨步电压措施(见本手册 1.0.7 条),施工方法见本手册 6.3.2 节。

(6) 防雷接地、电气接地应共用同一接地装置,接地电阻应不大于 4 Ω。若无电气接地,则接地电阻应不大于 30 Ω。

(7) 水箱、热水器、光伏、卫星天线等屋顶用电设施及其他金属附属设施保护见本手册 4.1 和 4.3 节。

(8) 屋顶非金属附属设施可以采用接闪带和接闪杆保护,见本手册 4.2 节。

(9) 防雷装置的连接采用焊接方法,具体方法见本手册 6.6 节。

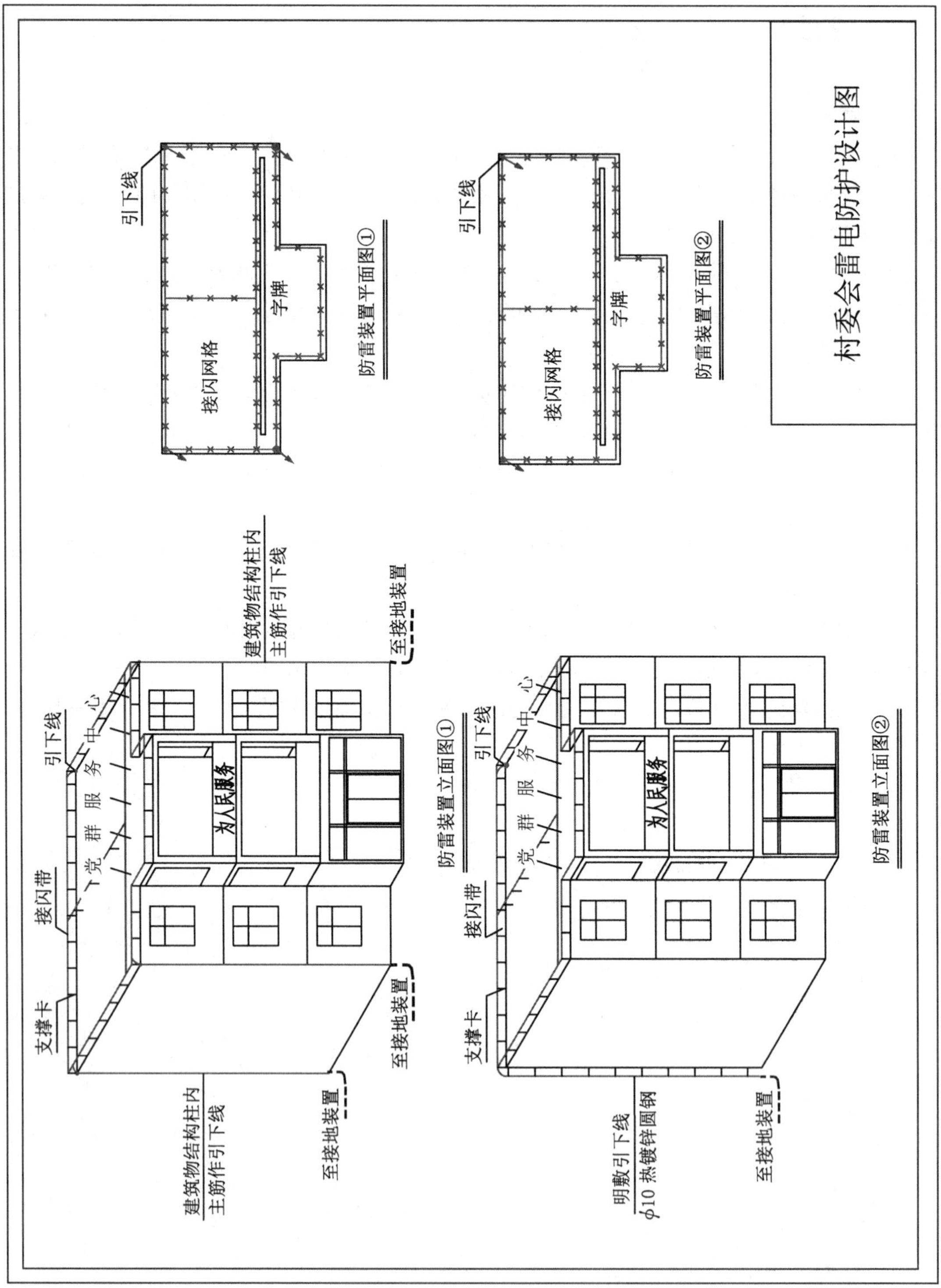

图 3-18 村委会雷电防护设计图

3.9 医务室

设计说明:

(1) 接闪带沿女儿墙外围、屋脊、屋角、屋檐、檐角等易受雷击部位敷设,其他造型的可参照本手册3.1节布设,接闪带应组成不大于20 m×20 m 或 24 m×16 m 的网格,采用 $\phi 10$ 的热镀锌圆钢,安装方法见本手册6.1.2节。

(2) 当医务室为钢筋混凝土结构建筑时,在建筑物施工时优先将其结构柱内钢筋作为引下线,如图3-19中防雷装置立面图①和防雷装置平面图①所示。引下线施工方法见本手册6.2.1节。

(3) 当医务室为已建建筑或砖混、木质结构建筑且需要安装防雷装置时,可明敷专设引下线,如图3-19中的防雷装置立面图②和防雷装置平面图②所示。专设引下线应不少于2根,且远离建筑物出入口,并采取防接触电压措施(见本手册1.0.6条)。专设引下线的安装方法见本手册6.2.2节。

(4) 当医务室为钢筋混凝土基础建筑时,在建筑物施工时优先将其基础内钢筋作为接地装置,施工方法见本手册6.3.1节。

(5) 当医务室为已建建筑或为非钢筋混凝土基础建筑时,可采用人工接地体,并采取防跨步电压措施(见本手册1.0.7条),施工方法见本手册6.3.2节。

(6) 防雷接地、电气接地应共用同一接地装置,接地电阻应不大于4 Ω。若无电气接地,则接地电阻应不大于30 Ω。

(7) 热水器、光伏、卫星天线等屋顶用电设施及水箱、旗杆等其他金属附属设施保护见本手册4.1和4.3节。

(8) 屋顶非金属附属设施可以采用接闪带和接闪杆保护,见本手册4.2节。

(9) 防雷装置的连接采用焊接方法,具体方法见本手册6.6节。

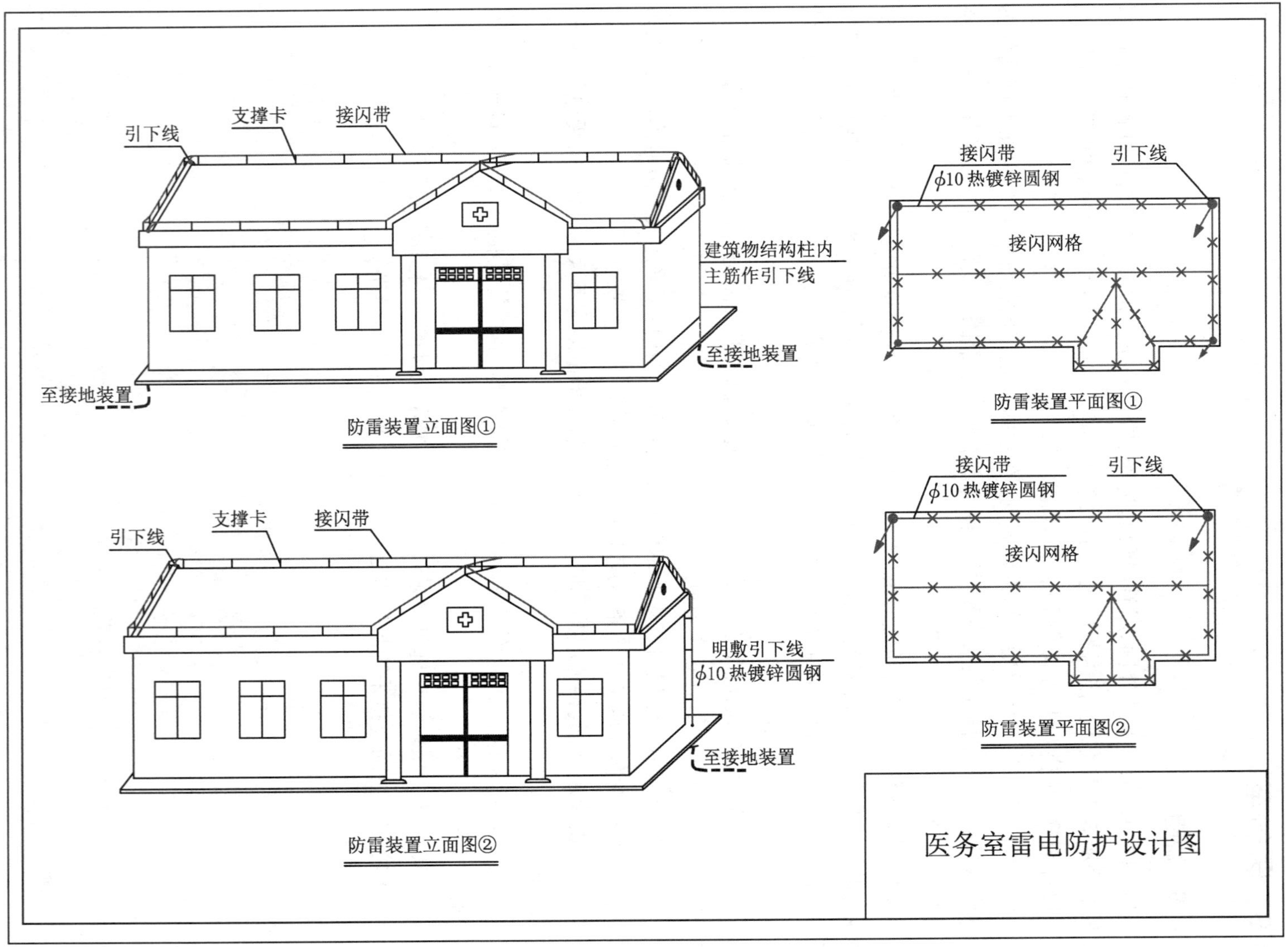

图 3-19　医务室雷电防护设计图

3.10 公交站台

设计说明：

(1) 公交站台雷电防护设计图如图3-20所示。接闪带沿站台顶部外围敷设，其他造型的接闪带可参照本手册3.1和3.4节布设，接闪带采用 $\phi10$ 的热镀锌圆钢，安装方法见本手册6.1.2节。

(2) 可沿公交站台背面敷设专设引下线，并采取防接触电压措施（见本手册1.0.6条），专设引下线的安装方法见本手册6.2.2节。

(3) 可沿站台背面敷设人工接地体，并采取防跨步电压措施（见本手册1.0.7条），人工接地体施工方法见本手册6.3.2节，接地电阻一般应不大于30 Ω。

(4) 钢结构公交站台，可将钢结构自身作为防雷装置，不再专门敷设接闪带和引下线，用 $\phi10$ 的热镀锌圆钢或 25 mm×4 mm 热镀锌扁钢将钢结构与人工接地体相连。

(5) 站台宜设置警示牌提醒人员雷雨天气不要倚靠公交站台柱。

(6) 防雷装置的连接采用焊接方法，具体方法见本手册6.6节。

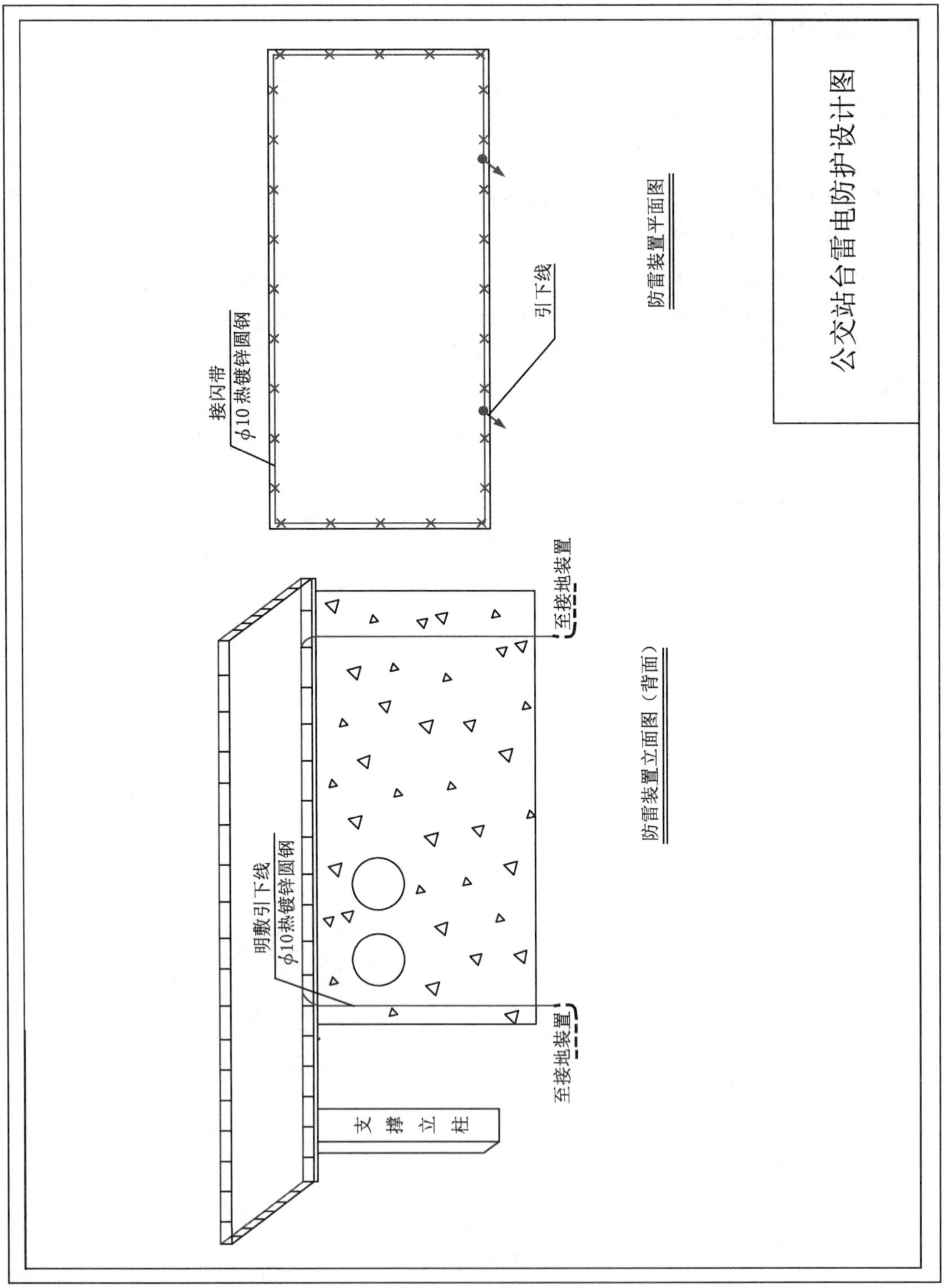

图 3-20　公交站台雷电防护设计图

屋顶附属设施的防直击雷设计

4.1 用电设备

设计说明:

(1) 卫星天线、光伏、热水器等屋顶用电设备的线路应采用屏蔽线缆或穿金属管敷设,屏蔽层或金属管一端应与设备外壳相连,另一端与入户的接地线相连。

(2) 屋顶用电设备可采用接闪杆保护,接闪杆可用不小于 $\phi 12$ 的热镀锌圆钢及不小于 $\phi 20$ 钢管焊接制成,安装方法见本手册6.1.1节。

(3) 可根据图4-1和表4-1安装布设接闪杆,图中 h 为接闪杆高度,L_1 为被保护物最近端与接闪杆的距离,L_2 为被保护物最远端到接闪杆的距离。L_2 根据屋顶用电设备所在的建筑物的防雷分类选取。当被保护物的实际高度不在表4-1中,h_x 选取与实际高度最近且大于实际高度的值,比如某设备实际高度0.76 m,h_x 可以选0.9 m。

表4-1 接闪杆设计参考表

被保护物高度 h_x(m)	接闪杆高度 h(m)	被保护物最近端与接闪杆的水平距离 L_1(m)	第二类防雷建筑物 被保护物最远端到接闪杆的水平距离 L_2(m)	第三类防雷建筑物 被保护物最远端到接闪杆的水平距离 L_2(m)
0.5	0.7	≥1.0	≤1.2	≤1.4
	0.8	≥1.0	≤1.7	≤2.0
	0.9	≥1.0	≤2.2	≤2.6
	1.0	≥1.0	≤2.7	≤3.1
	1.1	≥1.0	≤3.1	≤3.7
0.7	0.9	≥1.0	≤1.05	≤1.2
	1.0	≥1.0	≤1.5	≤1.7
	1.1	≥1.0	≤1.9	≤2.2
	1.2	≥1.0	≤2.4	≤2.8
	1.3	≥1.0	≤2.8	≤3.2

（续表）

被保护物高度 h_x(m)	接闪杆高度 h（m）	被保护物最近端与接闪杆的水平距离 L_1(m)	第二类防雷建筑物 被保护物最远端到接闪杆的水平距离 L_2(m)	第三类防雷建筑物 被保护物最远端到接闪杆的水平距离 L_2(m)
0.9	1.2	≥1.0	≤1.3	≤1.5
	1.3	≥1.0	≤1.7	≤2.0
	1.4	≥1.0	≤2.1	≤2.5
	1.5	≥1.0	≤2.5	≤2.9
	1.6	≥1.0	≤2.9	≤3.4
1.1	1.5	≥1.0	≤1.6	≤1.8
	1.7	≥1.0	≤2.3	≤2.7
	1.9	≥1.0	≤3.0	≤3.5
	2.1	≥1.0	≤3.6	≤5.2
	2.3	≥1.0	≤5.3	≤5.0
1.3	1.8	≥1.0	≤1.8	≤2.1
	2.0	≥1.0	≤2.5	≤2.9
	2.2	≥1.0	≤3.1	≤3.6
	2.4	≥1.0	≤3.7	≤5.3
	2.6	≥1.0	≤5.3	≤5.0
1.5	2.0	≥1.0	≤1.7	≤2.0
	2.2	≥1.0	≤2.3	≤2.7
	2.4	≥1.0	≤2.9	≤3.4
	2.6	≥1.0	≤3.5	≤5.1
	2.8	≥1.0	≤5.1	≤4.7
1.7	2.3	≥1.0	≤1.9	≤2.2
	2.6	≥1.0	≤2.8	≤3.2
	2.9	≥1.0	≤3.6	≤5.2
	3.2	≥1.0	≤4.4	≤5.1
	3.5	≥1.0	≤5.1	≤6.0

(续表)

被保护物高度 h_x(m)	接闪杆高度 h(m)	被保护物最近端与接闪杆的水平距离 L_1(m)	第二类防雷建筑物 被保护物最远端到接闪杆的水平距离 L_2(m)	第三类防雷建筑物 被保护物最远端到接闪杆的水平距离 L_2(m)
1.9	2.6	≥1.0	≤2.1	≤2.4
	2.9	≥1.0	≤2.9	≤3.4
	3.2	≥1.0	≤3.7	≤5.3
	3.5	≥1.0	≤4.4	≤5.2
	3.8	≥1.0	≤5.1	≤6.0

备注：农村一般民居建筑物可以参考第三类防雷建筑物执行，接闪杆与被保护物的距离一般应≥1 m，被保护物高度在表中数值之间的可参照最大值选取接闪杆，如保护物高度0.65 m，参照0.7 m高度选取接闪杆。

(4) 不在表4-1范围中的接闪杆，可按照滚球法的要求进行设计，应满足表4-2的要求。

表4-2 接闪杆安装布设范围参数

附属设施所在的建筑物防雷分类	被保护物最近端与接闪杆的距离 L_1(m)	被保护物最远端到接闪杆的距离 L_2(m)
第二类	≥1.0	$L_1 \geqslant \sqrt{h(90-h)} - \sqrt{h_x(90-h_x)}$
第三类	≥1.0	$L_1 \geqslant \sqrt{h(120-h)} - \sqrt{h_x(120-h_x)}$

备注：农村一般民居建筑物可以参考第三类防雷建筑物执行。

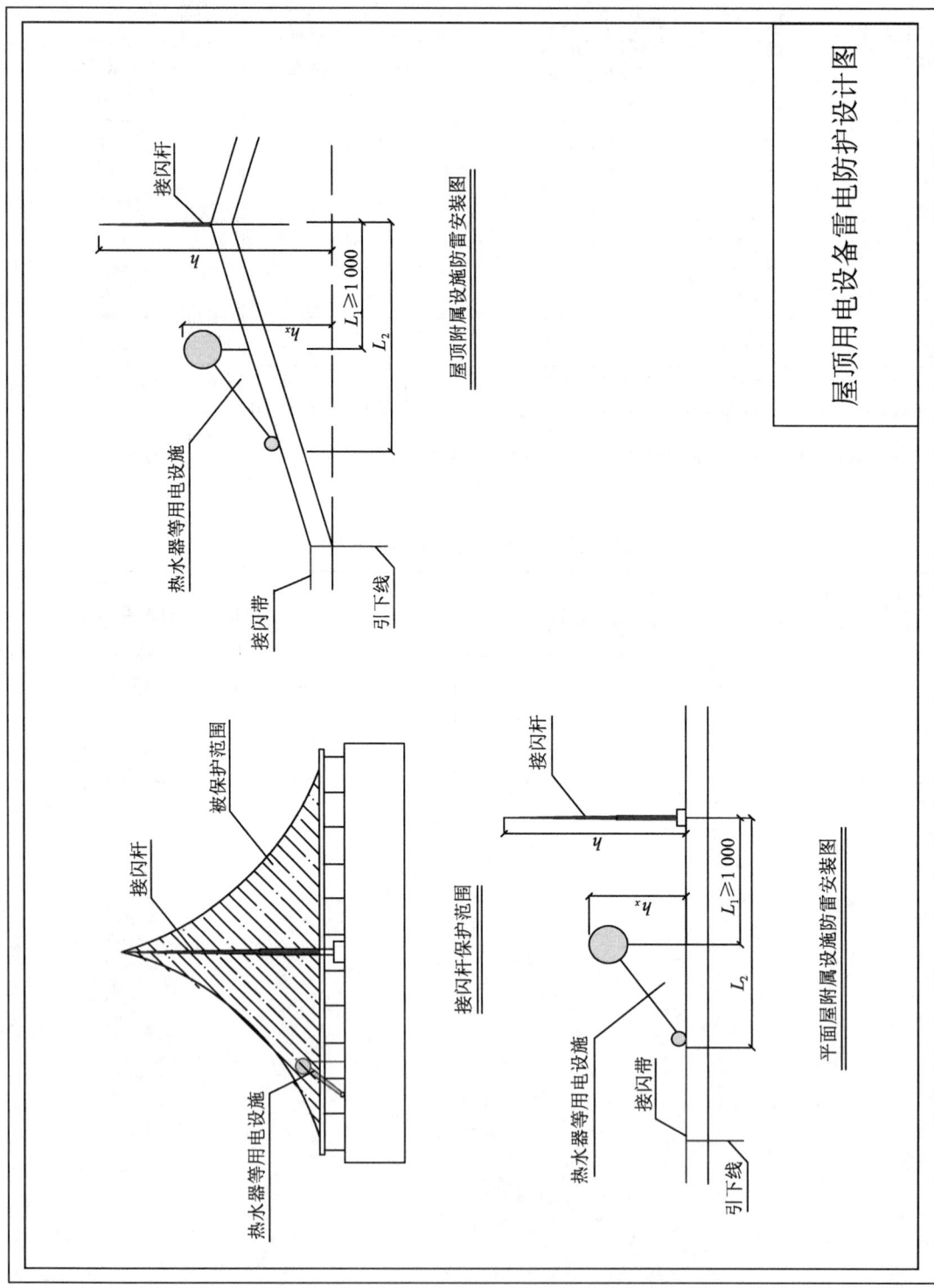

图 4-1 屋顶用电设备雷电防护设计图

4.2 非金属附属设施

设计说明:

(1) 屋顶非金属附属设施雷电防护设计图如图 4-2 所示。屋顶凸起非金属等附属设施可用接闪带沿附属设施顶部敷设,并与建筑物主体的接闪带电气连接,接闪带的安装方法见本手册 6.1.2 节。

(2) 屋顶凸起非金属等附属设施还可用接闪杆保护,接闪杆的布设和安装见本手册 4.1 节和 6.1.1 节。L_1 的距离没有要求。

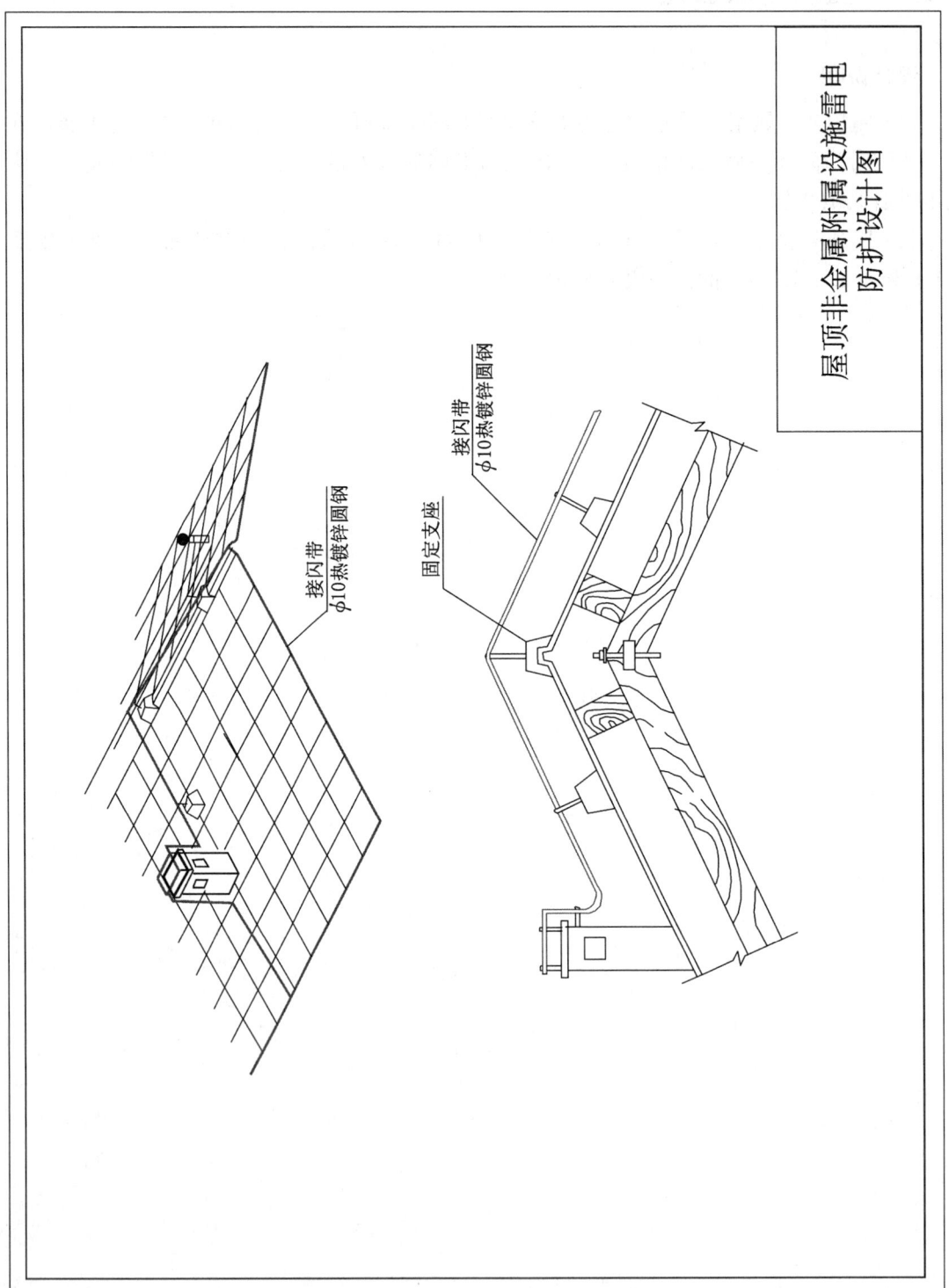

图 4-2 屋顶非金属附属设施雷电防护设计图

4.3 金属附属设施

设计说明：

(1) 当屋顶上凸起的金属附属设施超过以下值时，应与接闪带连接保护：

① 高出屋顶平面 0.3 m；

② 上层表面总面积超过 1.0 m²；

③ 上层表面的长度不超过 2.0 m。

(2) 屋顶金属附属设施雷电防护设计图如图 4-3 所示。利用 ϕ10 热镀锌圆钢或 25 mm×4 mm 热镀锌扁钢作为连接导体，将大喇叭、钢架棚、广告牌（字牌）、水箱、移动基站、旗杆等屋顶设施金属底座与接闪带连接，连接方法采用焊接方法，焊接方法见本手册 6.6 节。

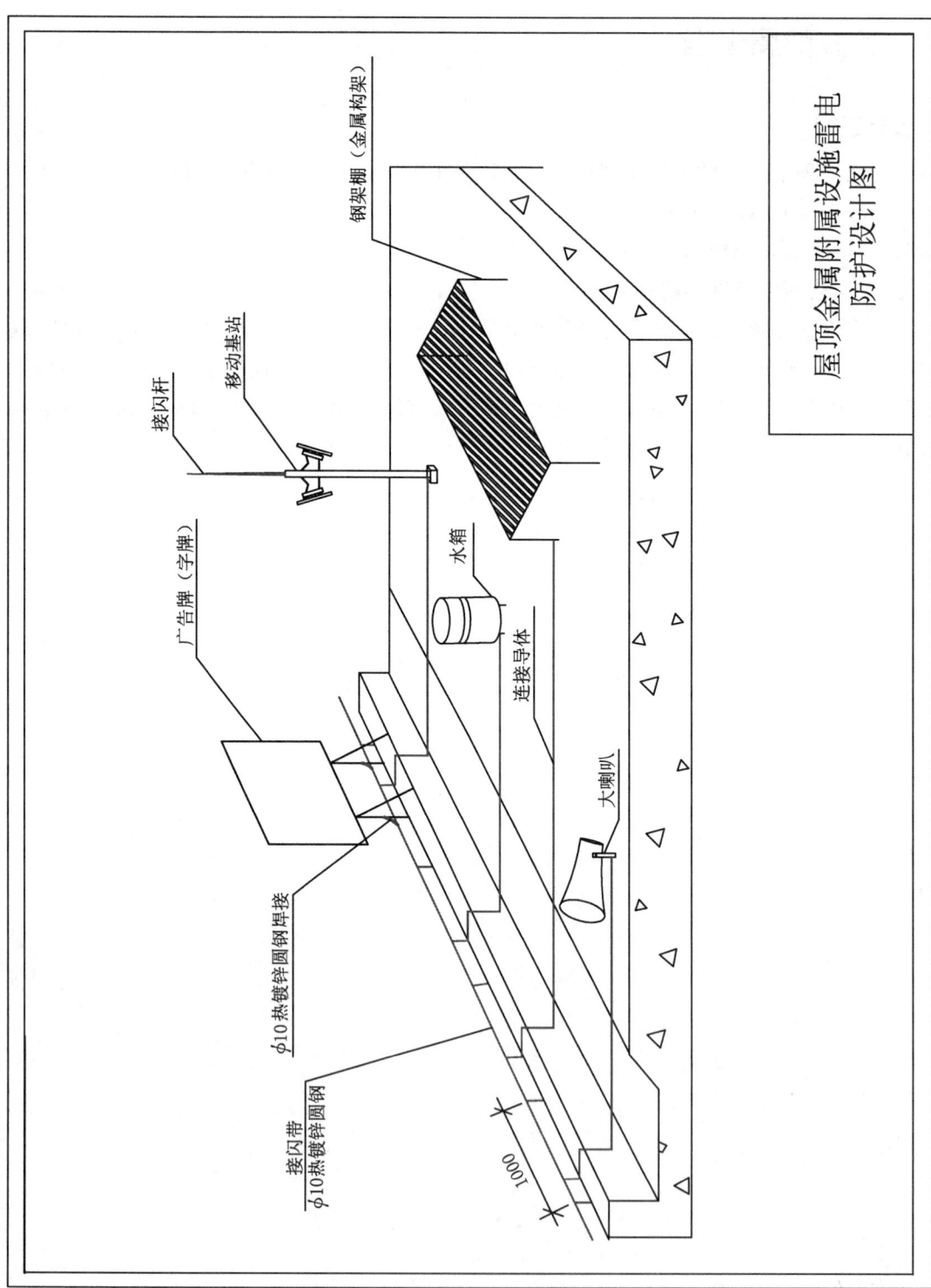

图 4-3 屋顶金属附属设施雷电防护设计图

5 电气电子系统防雷设计

5.1 配电系统

5.1.1 单相电源配电系统

设计说明：

(1) 单相电源系统电涌保护器安装图如图 5-1 所示。在电表箱后端应安装Ⅰ级试验 SPD，用于泄放雷电流并将雷电冲击过电压降低，其电压保护水平 U_p 应不大于 2.5 kV，最大冲击电流 I_{imp} 应不小于 12.5 kA。

(2) 可在用电设备前端安装Ⅱ级试验 SPD，其电压保护水平 U_p 应不大于 1.5 kV，标称放电电流 I_n 应不小于 20 kA。

(3) SPD 与用电设备的沿线距离应不大于 5 m，当超过 5 m 时可以加装 SPD。

(4) Ⅰ级试验 SPD 和Ⅱ级试验 SPD 的沿线间距应不小于 10 m，Ⅱ级试验 SPD 之间间距应不小于 5 m，当不满足要求时可以咨询 SPD 厂家或相关专业人员。

(5) 各级 SPD 还可以根据 SPD 厂家要求进行配备。

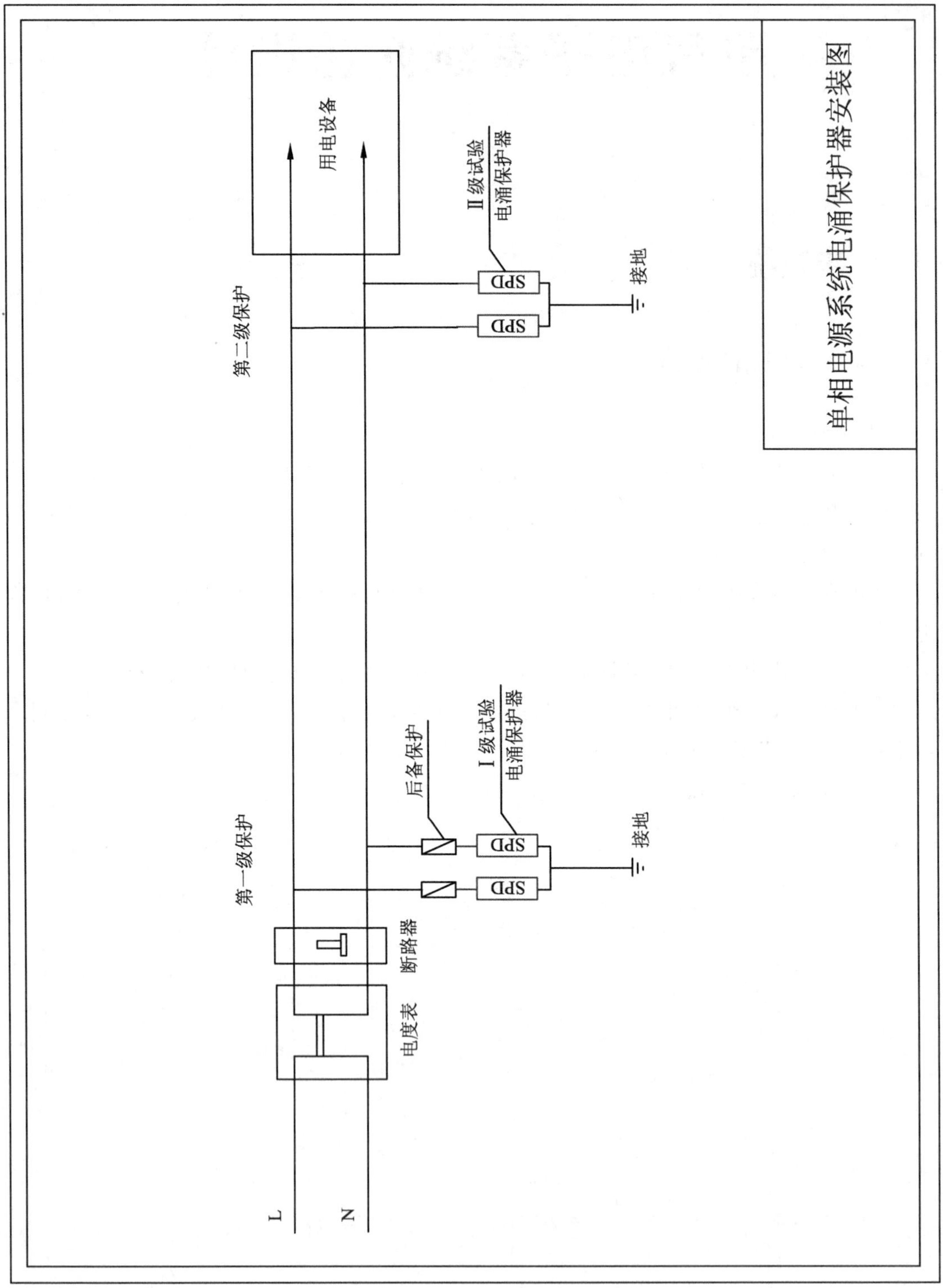

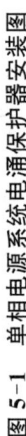

图 5-1 单相电源系统电涌保护器安装图

5.1.2 三相电源配电系统

设计说明：

(1) 三相电源系统电涌保护器安装图如图 5-2 所示。分别在建筑物总配电箱（柜）、分配电箱、设备前端安装电源 SPD。

(2) 建筑物总配电箱（柜）应当安装Ⅰ级试验 SPD，其电压保护水平 U_p 应不大于 2.5 kV，最大冲击电流 I_{imp} 应不小于 12.5 kA。

(3) 可在分配电箱安装Ⅱ级试验 SPD，其电压保护水平 U_p 应不大于 2.5 kV，标称放电电流 I_n 应不小于 20 kA。

(4) 可在用电设备前端安装Ⅱ级试验 SPD，其电压保护水平 U_p 应不大于 1.5 kV，标称放电电流 I_n 应不小于 3 kA。

(5) SPD 与用电设备的沿线距离应不大于 5 m，当超过 5 m 时可以加装 SPD。

(6) Ⅰ级试验的 SPD 和Ⅱ级试验的 SPD 的沿线间距应不小于 10 m，Ⅱ级试验 SPD 之间间距应不小于 5 m，当不满足要求时可以咨询 SPD 厂家或相关专业人员。

(7) 各级 SPD 还可以根据 SPD 厂家要求进行配备。

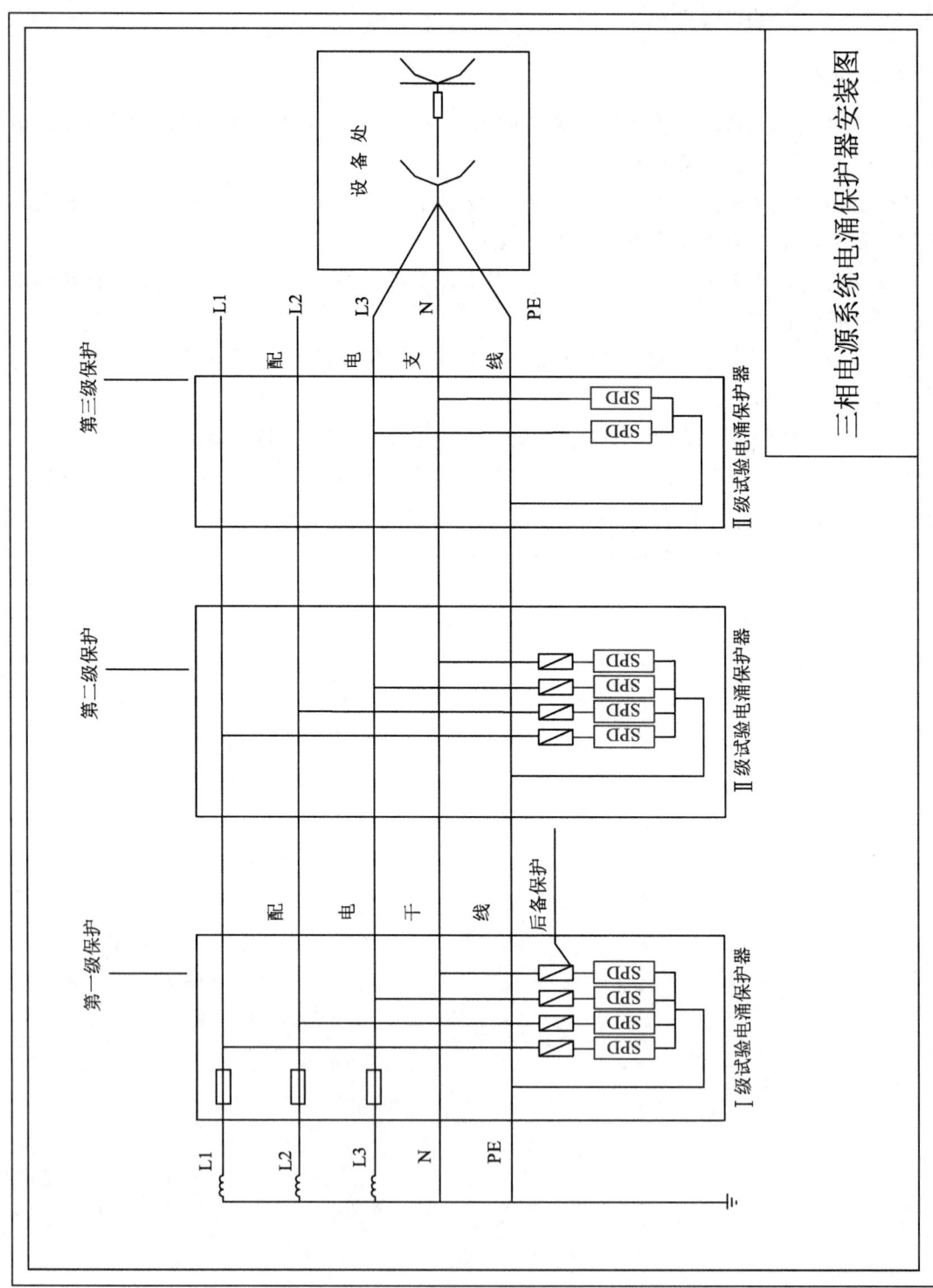

图 5-2 三相电源系统电涌保护器安装图

5.2 光伏系统

设计说明：

（1）应根据本手册 4.1 节要求，对屋顶光伏设备采取防直击雷措施。

（2）光伏系统电涌保护器安装图如图 5-3 所示。低压线路上，在主配电柜内安装 Ⅰ 级试验 SPD，其电压保护水平 U_p 应不大于 2.5 kV，最大冲击电流 I_{imp} 应不小于 12.5 kA。在光伏逆变器的交流侧安装 Ⅱ 级试验 SPD，其电压保护水平 U_p 应不大于 2.5 kV，标称放电电流 I_n 应不小于 20 kA。当主配电柜中的 SPD 与光伏逆变器的交流侧的 SPD 间距小于 10 m 时，光伏逆变器的交流侧可不安装 SPD。

（3）直流线路上，在光伏逆变器、光伏阵列前端安装 Ⅱ 级试验直流 SPD，SPD 短路电流额定值应不小于 SPD 安装点处的光伏方阵产生的最大短路电流，SPD 最大持续工作电压应不小于光伏方阵在所有使用条件下的最大开路电压。当光伏逆变器、光伏阵列前端的 SPD 间距小于 10 m 时，光伏阵列的前端可不安装 SPD。

（4）各级 SPD 参数还可以根据 SPD 厂家要求进行配备。

（5）SPD 安装方法参照本手册 6.4.1 节。

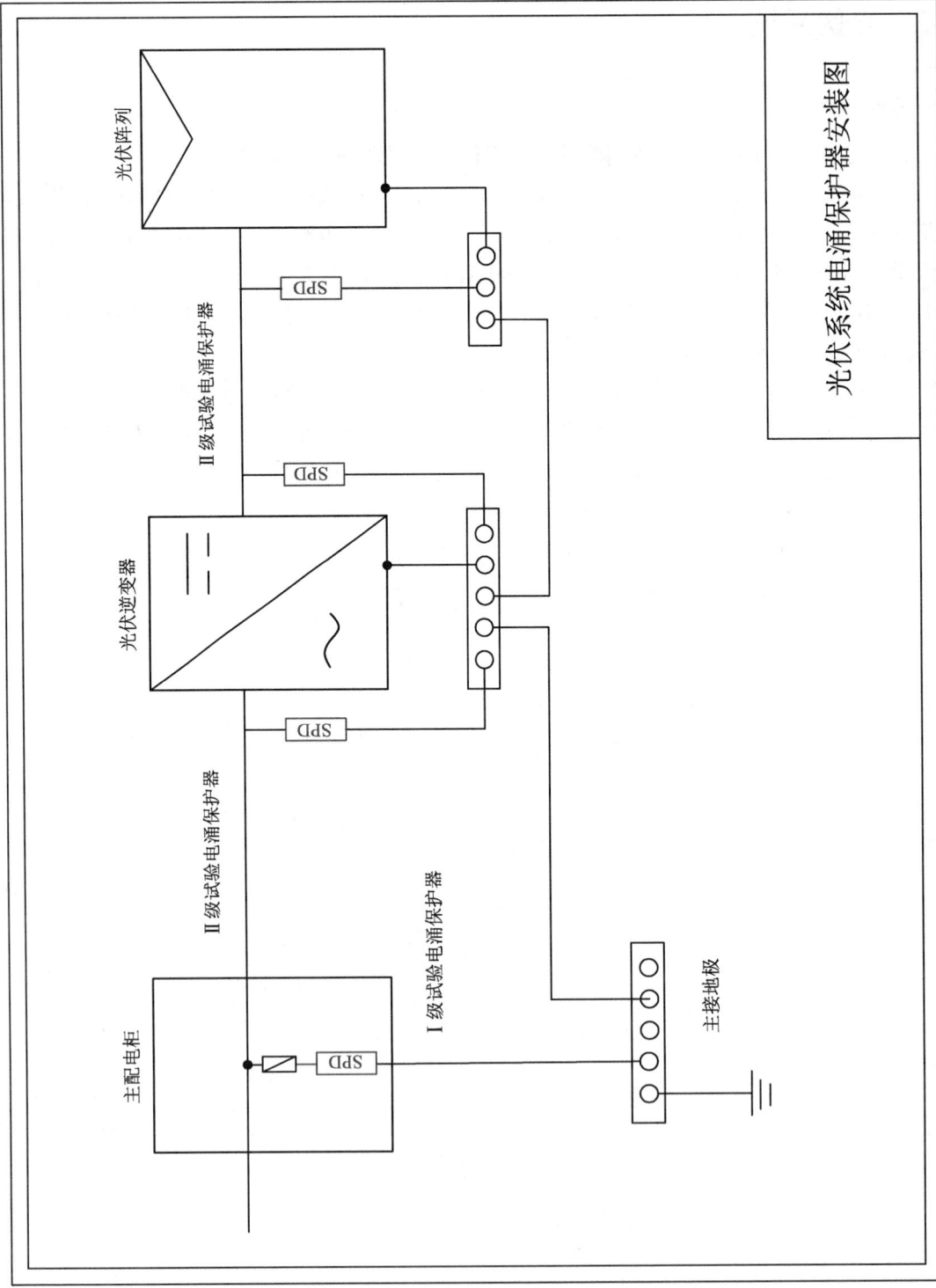

图 5-3 光伏系统电涌保护器安装图

5.3 卫星电视接收系统

设计说明：

（1）卫星电视接收系统电涌保护器安装图如图5-4所示。信号传输线路上，在卫星信号接收机前端安装适配的天馈电涌保护器。应当注意SPD对信号损耗情况，安装的SPD不应影响设备正常使用。信号SPD安装方法具体见本手册6.4.2节。若卫星天线位于室内，可以不安装天馈电涌保护器。

（2）供电线路上，在卫星信号接收机、电视前端安装电源电涌保护器，并与建筑物的总配电箱（柜）、分配电箱、电表箱端的SPD配合使用，具体要求可以参考本手册5.1节，安装方法见本手册6.4.1节。

（3）SPD参数还可以根据SPD厂家要求进行配备。

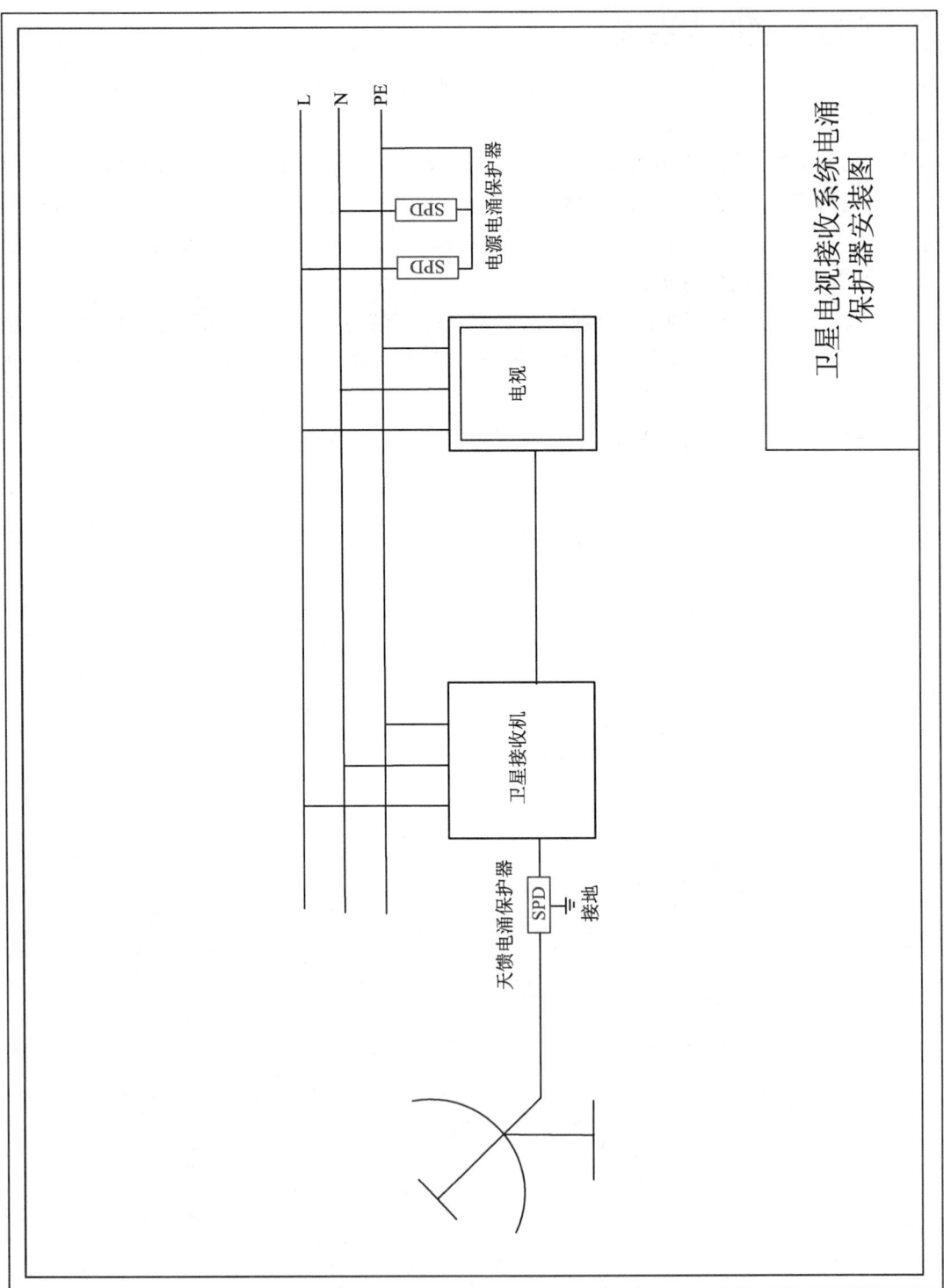

图 5-4 卫星电视接收系统电涌保护器安装图

5.4 广播系统

设计说明：

（1）广播系统电涌保护器安装图如图 5-5 所示。在广播信号分配输出设备（或功放）处安装适配的信号电涌保护器，安装方法见本手册 6.4.2 节。若扬声器位于室内，可以不安装信号电涌保护器。

（2）供电线路上，在功放处安装电源电涌保护器，并与建筑物的总配电箱（柜）、分配电箱、电表箱端的 SPD 配合使用，具体要求可以参考本手册 5.1 节，安装方法见本手册 6.4.1 节。

（3）SPD 参数还可以根据 SPD 厂家要求进行配备。

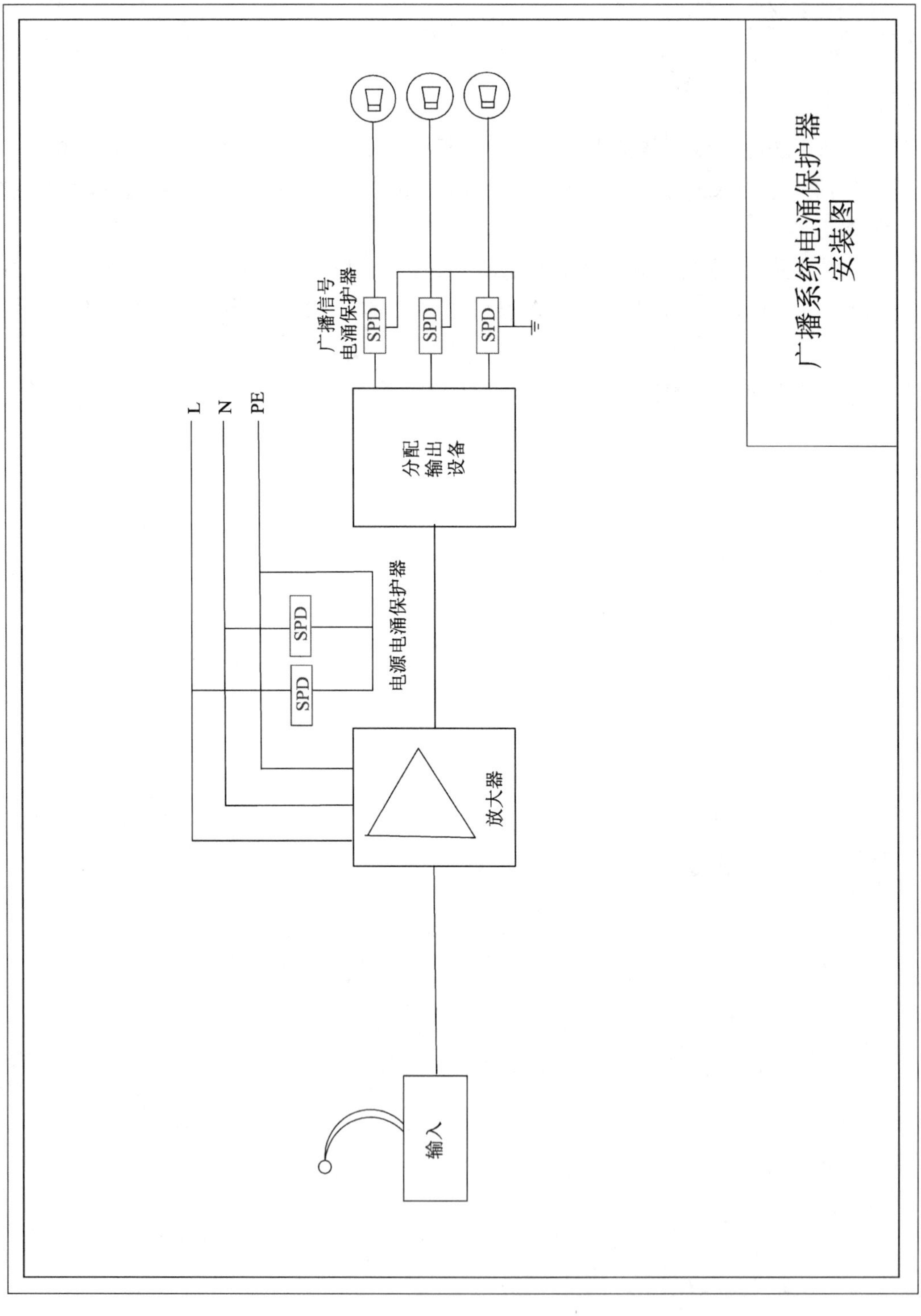

图 5-5 广播系统电涌保护器安装图

5.5 监控系统

设计说明：

（1）监控系统电涌保护器安装图如图 5-6 所示。室外监控摄像头处，分别在供电线路、视频线路和控制线路上安装适配的信号电涌保护器，也可以采用三合一 SPD（没有控制线路的采用二合一 SPD），安装方法见本手册 6.4.2 节。

（2）分别在监控机房内的视频线路、控制线路、摄像头供电线路上，安装适配的电涌保护器，安装方法见本手册 6.5.2 节。

（3）在监控机房的配电箱安装电源电涌保护器，并与建筑物的总配电箱（柜）、分配电箱中的 SPD 配合使用，具体要求可以参照本手册 5.1 节，安装方法见本手册 6.4.1 节。

（4）机房 SPD 的接地端应当与机房的等电位接地网络相连，具体见本手册 5.8 节要求。

（5）SPD 参数根据线路类型、特性和 SPD 厂家要求进行配备。

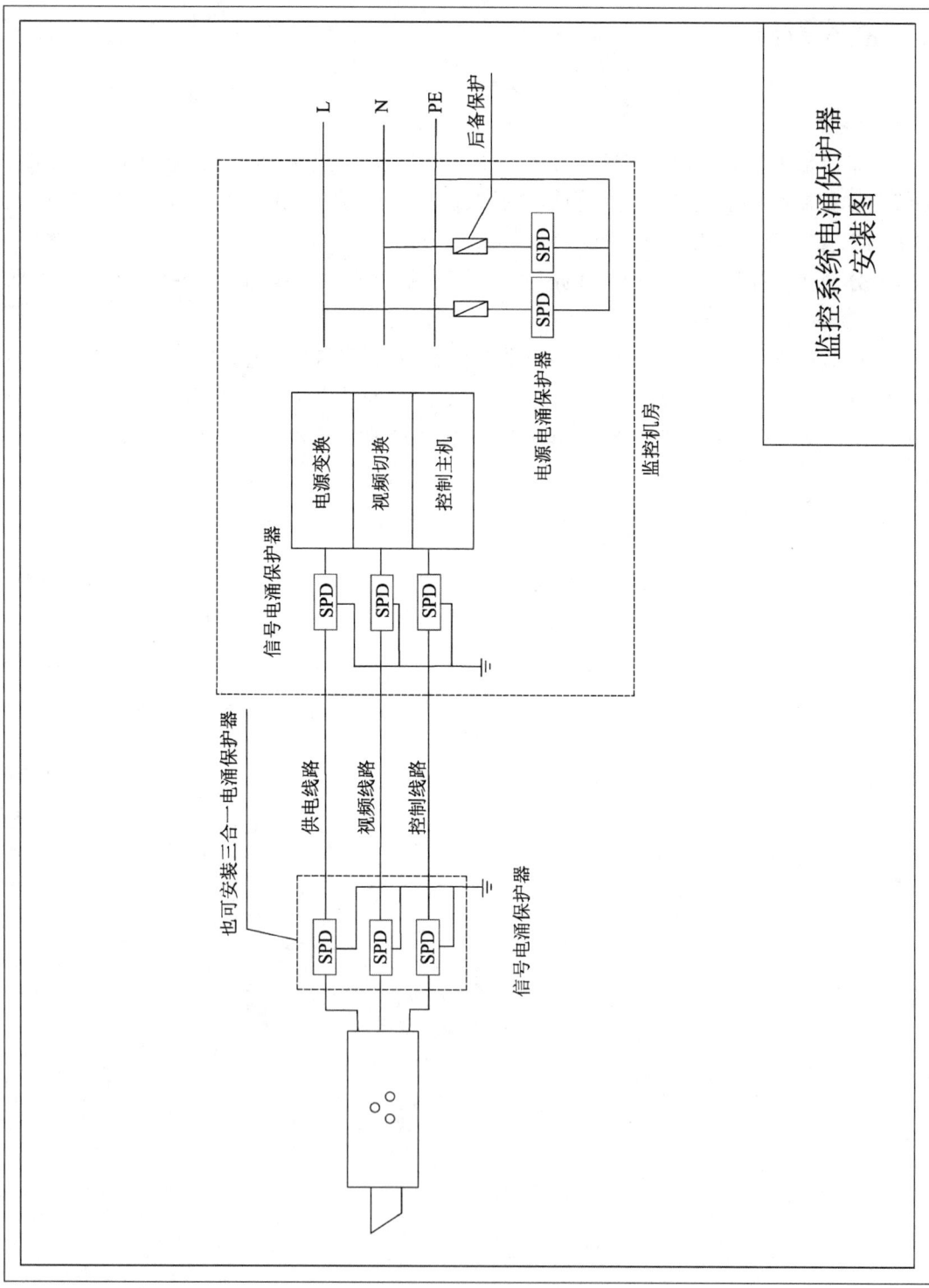

图 5-6 监控系统电涌保护器安装图

5.6 消防系统

设计说明：

（1）消防系统电涌保护器安装图如图5-7所示。分别在消防机房内的广播线路、电话线路、控制线路、直流供电线路上安装适配的信号电涌保护器，安装方法见本手册6.4.2节。

（2）在消防机房的配电箱安装电源电涌保护器，并与建筑物的总配电箱（柜）、分配电箱中的SPD配合使用，具体要求可以参照本手册5.1节，安装方法见本手册6.4.1节。

（3）机房SPD的接地端应当与机房的等电位接地网络相连，具体见本手册5.8节要求。

（4）SPD参数可以根据SPD厂家要求进行配备。

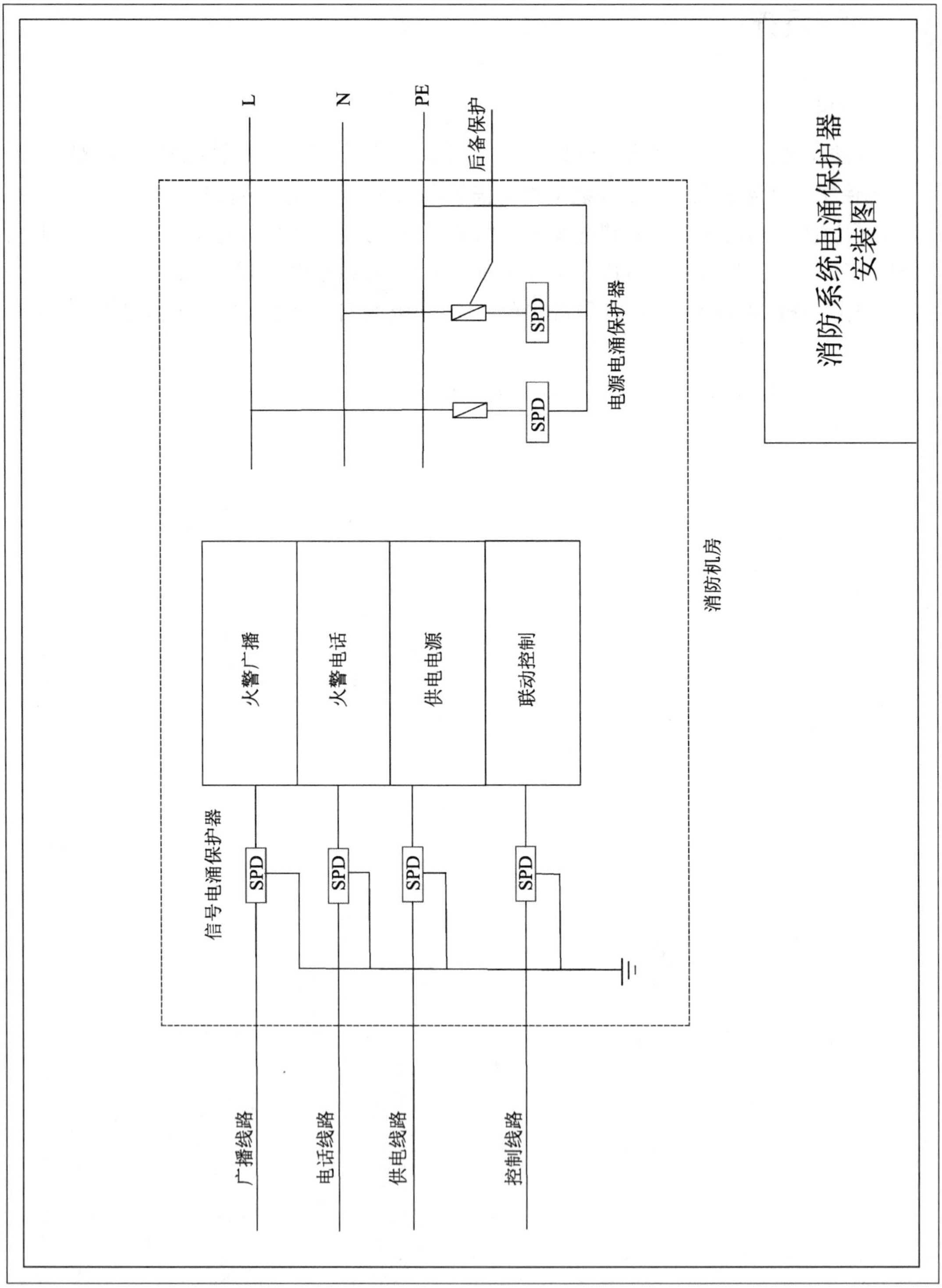

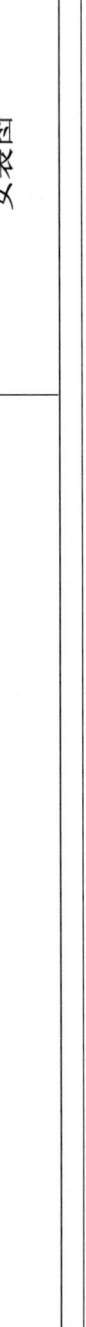

图 5-7 消防系统电涌保护器安装图

5.7 计算机网络系统

设计说明：

（1）计算机网络系统电涌保护器安装图如图 5-8 所示。在路由器、服务器、交换机(集线器)的信号接口处安装适配的信号电涌保护器,安装方法见本手册 6.4.2 节。安装时,应当注意信号损耗情况,不应影响设备的正常使用。

（2）在计算机机房的配电箱处安装电源电涌保护器,并与建筑物的总配电箱(柜)、分配电箱中的 SPD 配合使用,具体要求可以参考本手册 5.1 节,安装方法见本手册 6.4.1 节。

（3）机房 SPD 的接地端应当与机房的等电位接地网络相连,具体见本手册 5.8 节要求。

（4）若网络线路由光缆引入,光缆的金属接头、金属护层、金属加强芯等应在进入建筑物处接地,见本手册 5.8.1 节。

（5）SPD 参数还可以根据 SPD 厂家要求进行配备。

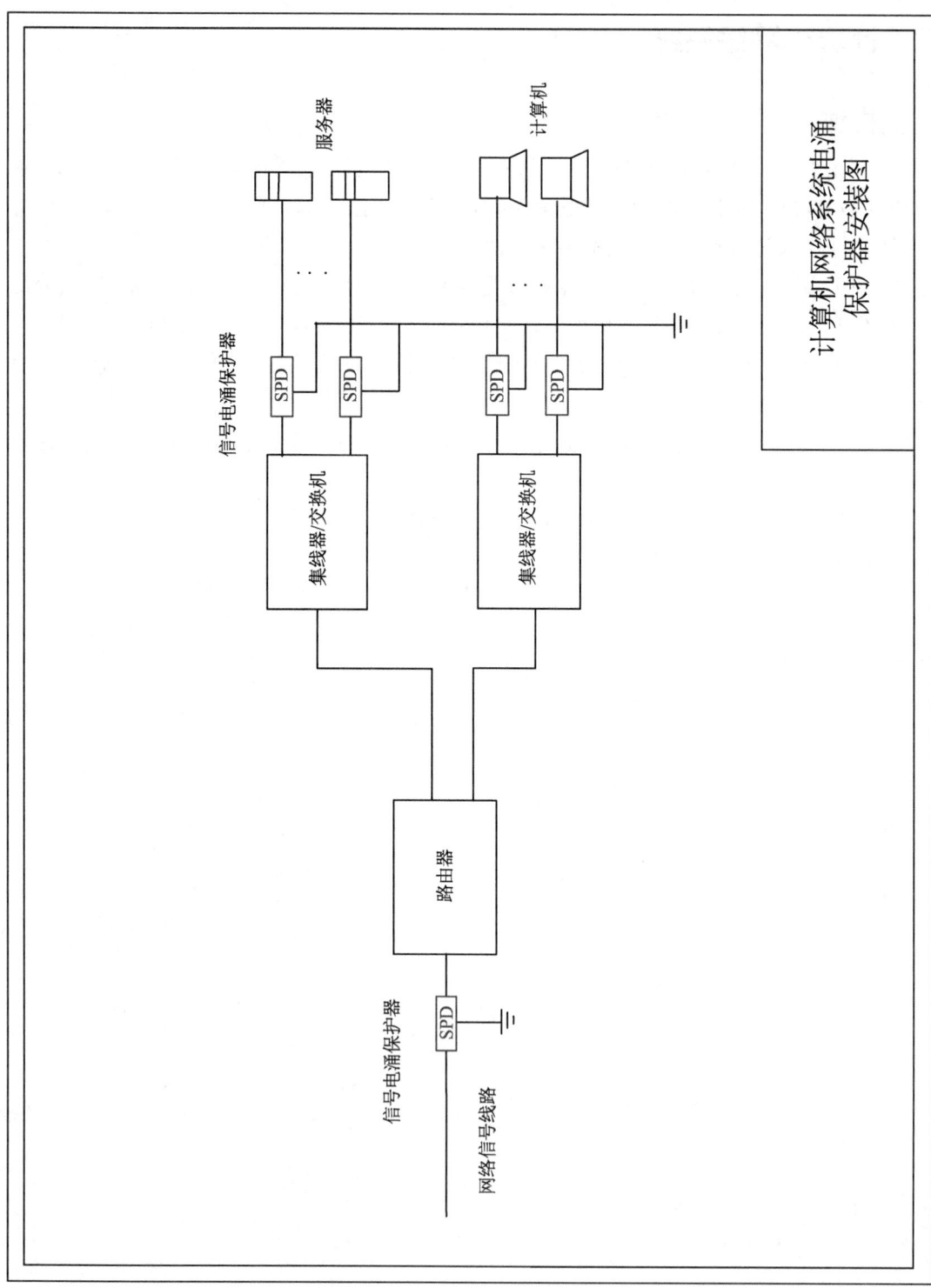

图 5-8 计算机网络系统电涌保护器安装图

5.8 等电位连接

5.8.1 进出建筑物线路、管道等电位连接

设计说明：

(1) 电源进线、信息进线、管道等电位连接图如图 5-9 所示。根据电源线路、信息线路、管道、线槽进出建筑物的位置，设置一个或多个总等电位接地端子板（排）（见本手册 6.5 节）。

(2) 将截面不少于 16 mm² 的铜线或截面不少于 50 mm² 的圆钢或扁钢作为连接导体，将所有进入建筑物的管道、线槽、金属套管与总等电位接地端子板（排）连接，可以采用焊接或螺栓连接。

(3) 在建筑物的电源线路、信息线路入户处通过安装 SPD 与总等电位接地端子板（排）连接，当不便于安装时，可按照本手册 5.1～5.7 节要求，在配电箱（柜）、配线架等处布设 SPD。

(4) 建筑物电子系统和电气系统接地应当与防雷接地装置共用接地。

(5) 总等电位接地端子板（排）从接地装置引出。

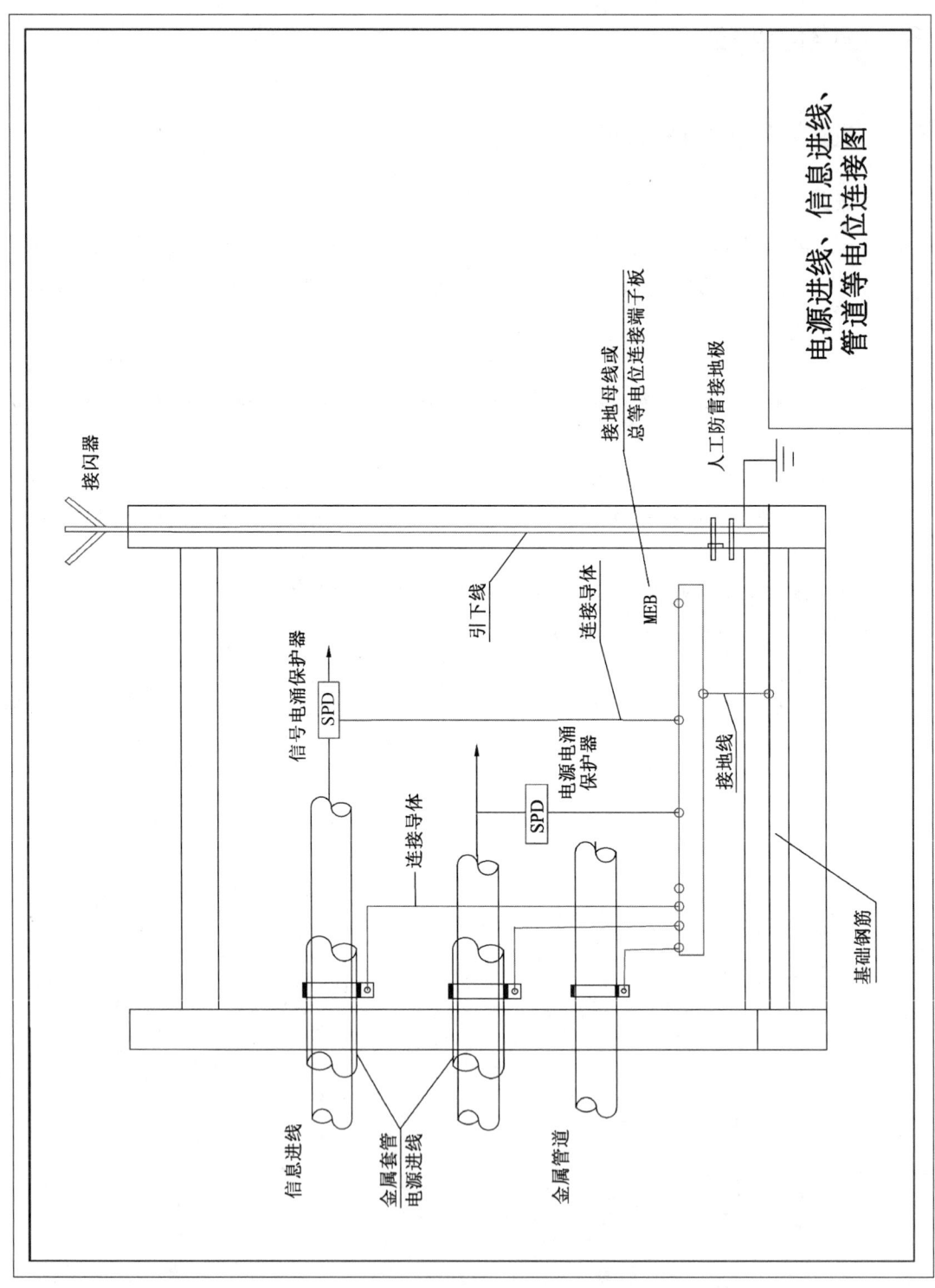

图 5-9 电源进线、信息进线、管道等电位连接图

5.8.2 弱电机房等电位连接

设计说明：

(1) 机房等电位连接图如图 5-10 所示。在弱电机房的静电地板下，用 30 mm×3 mm 扁铜布设网格型等电位连接排，网格的设置可以根据机房中设备位置灵活布设。如果机房较小，弱电设备不多，也可以不布置成网格。

(2) 采用不小于 6 mm² 的铜芯线将机房中机架、机柜、金属管槽、弱电设备金属外壳、金属操作台、UPS 及电池柜金属外壳、屏蔽线缆金属外皮、静电地板支架与等电位连接排相连，可以采用螺栓方式连接。

(3) 从建筑物内墙结构柱钢筋（应与防雷接地装置电气连接）或总等电位接地端子板（排）引出 25 mm×4 mm 镀锌扁钢，经过铜铁转换部件与机房等电位铜排连接。

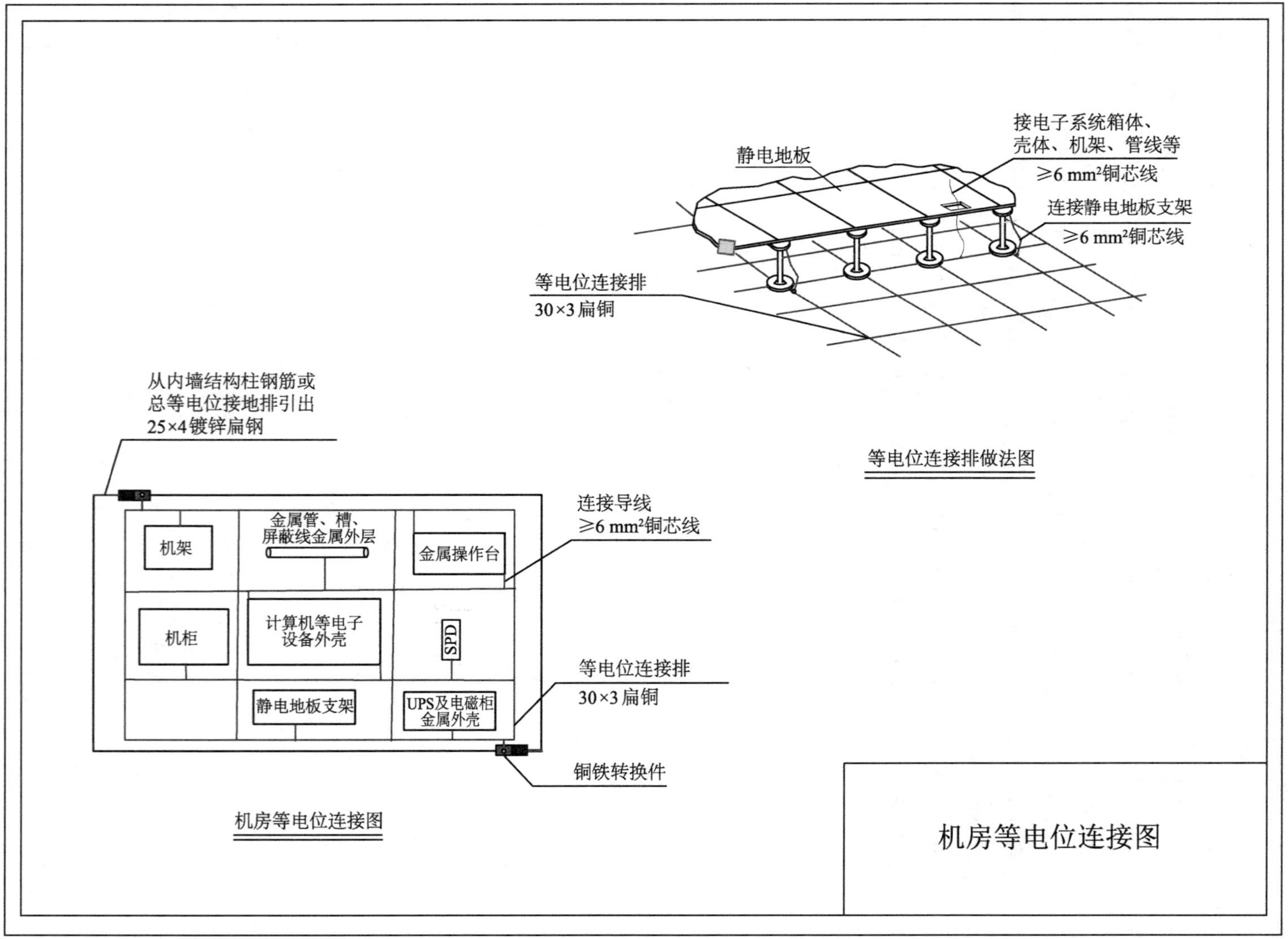

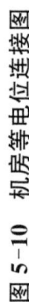

图 5-10 机房等电位连接图

设计说明：

（1）在各弱电系统的设备机柜或操作台设置接地端子板（排），用 6 mm² 的多股铜芯线将各弱电设备金属外壳、机柜外壳、金属操作台与接地端子板（排）连接，可采用螺栓连接方法。

（2）用 6 mm² 的多股铜芯线将机柜或操作台的接地端子板（排）与弱电机房的等电位连接排相连，可采用螺栓连接方法，如图 5-11 所示。

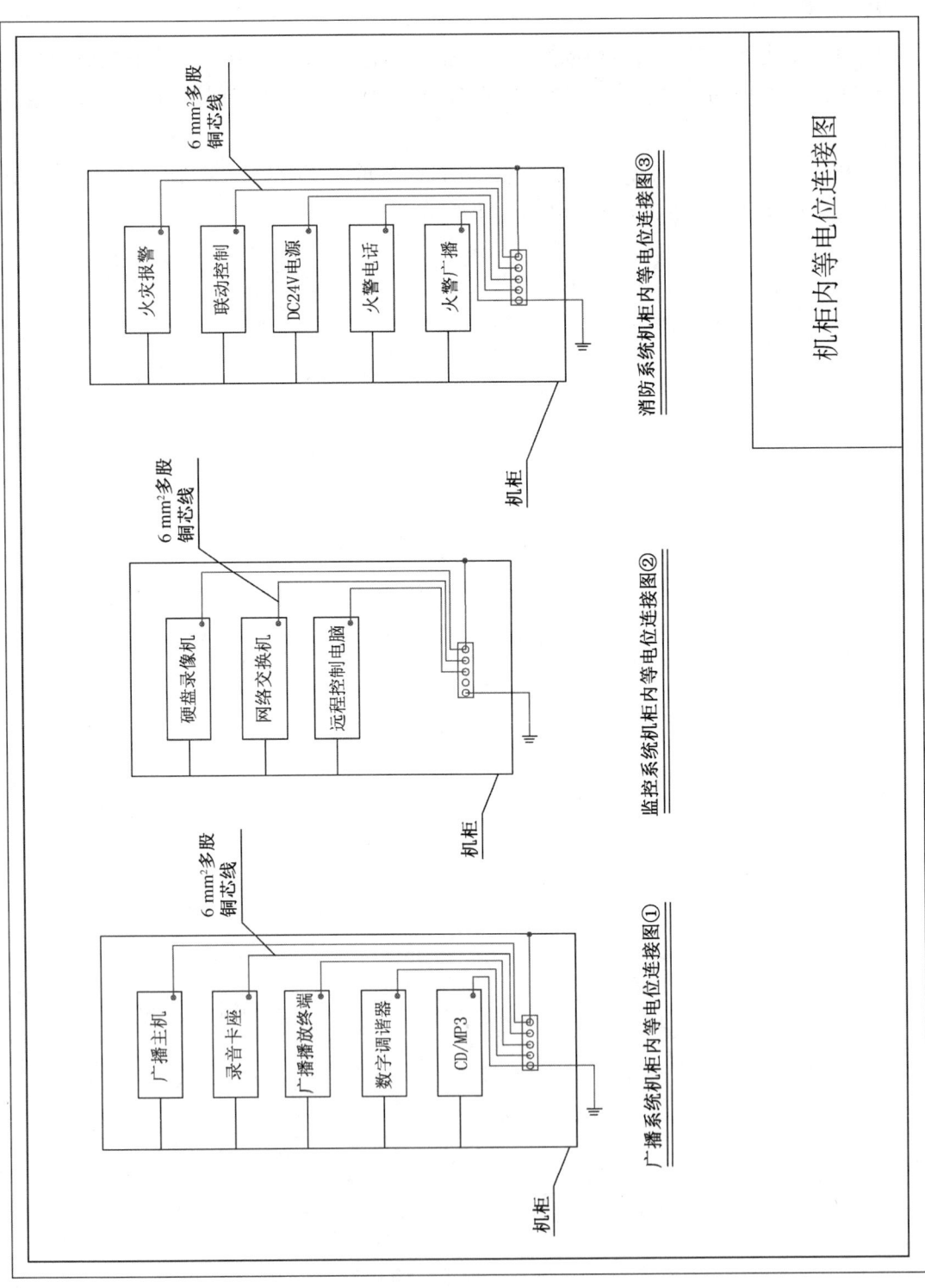

图 5-11 机柜内等电位连接图

6 常见防雷装置施工方法

6.1 接闪器施工

接闪器是用来拦截雷击的雷电防护装置,有接闪杆、接闪带、接闪线、接闪网、金属屋面及其他金属构件等不同类型。接闪器有一定的保护范围,是一种可以保护建筑物、设备免遭直接雷击的雷电防护装置。

6.1.1 接闪杆

接闪杆,旧称为避雷针。常见安装于建(构)筑物附近,用于保护建(构)筑物,可以安装单根或多根。也常装设在建筑物上,用于保护建筑物或屋顶设施。接闪杆除常见的针状,也有其他多种不同的造型。本手册介绍安装于建筑物上的接闪杆的施工方法。

施工说明:

(1) 图 6-1 中介绍的方法适用于平顶钢筋混凝土屋面接闪杆的安装。

(2) 可在屋顶浇制水泥底座,将底脚螺栓(4 根)预埋在底座内;再通过底脚螺栓将金属底板固定在底座上;最后将接闪杆与金属底板焊接固定。通过加劲肋(3 片)分别与接闪杆、金属底板焊接进一步强化固定。

(3) 也可在屋顶梁、柱、墙部位上,先将地脚螺栓(4 根)与梁、柱内的钢筋焊接,再浇制水泥底座,通过底脚螺栓将金属底板固定在底座上;最后将接闪杆与金属底板焊接固定。通过加劲肋(3 片)分别与接闪杆、金属底板焊接进一步强化固定。

(4) 接闪杆针尖采用 $\phi 16$ 的热镀锌圆钢(长度不超过 1.0 m),杆身采用 $\phi 40$ 钢管,钢管与圆钢焊接牢固。

(5) 本图适用于基本风压为 0.7 kN/m^2(11 级风)以下的地区,建筑物高度不超过 50 m。

(6) 不建议在农村侧墙上安装接闪杆。

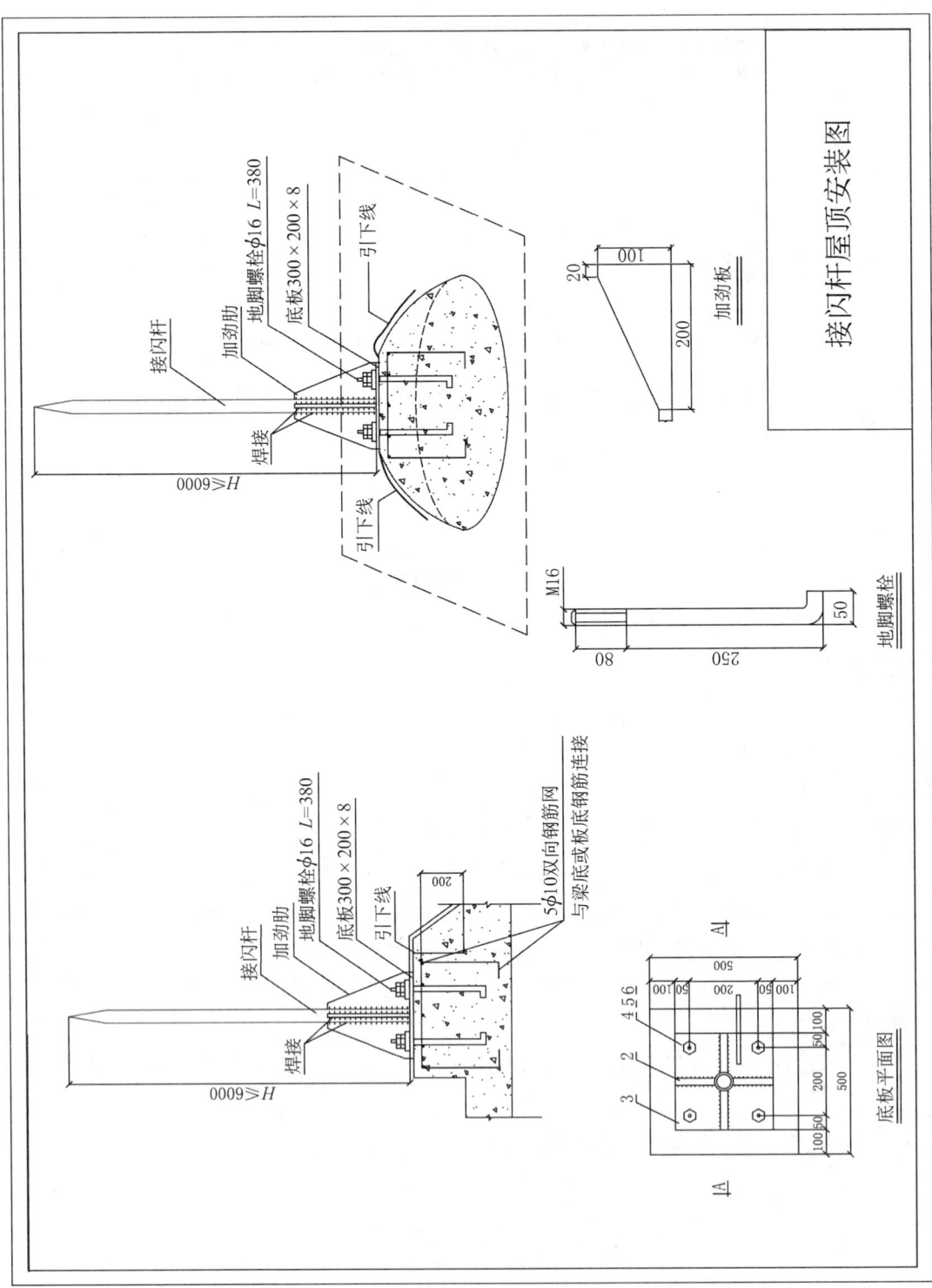

图 6-1 接闪杆屋顶安装图

6.1.2 接闪带

接闪带,接闪器的一种,装设屋面上,用于保护建筑物免遭直接雷击。

施工说明:

(1) 接闪带应当沿屋角、屋脊、屋檐、檐角等易受雷击的部位敷设。

(2) 接闪带采用不小于 $\phi 8$ 的热镀锌圆钢。接闪带的支架间距不宜大于 1000 mm,拐弯处为 0.5 m,支架高度不宜小于 150 mm,如图 6-2 所示。

(3) 接闪带应与引下线电气连接,一般采用焊接方法,见本手册 6.6 节。

(4) 接闪带应当沿着建筑物顶部造型圆弧弯曲,弯曲夹角不能小于 90°。

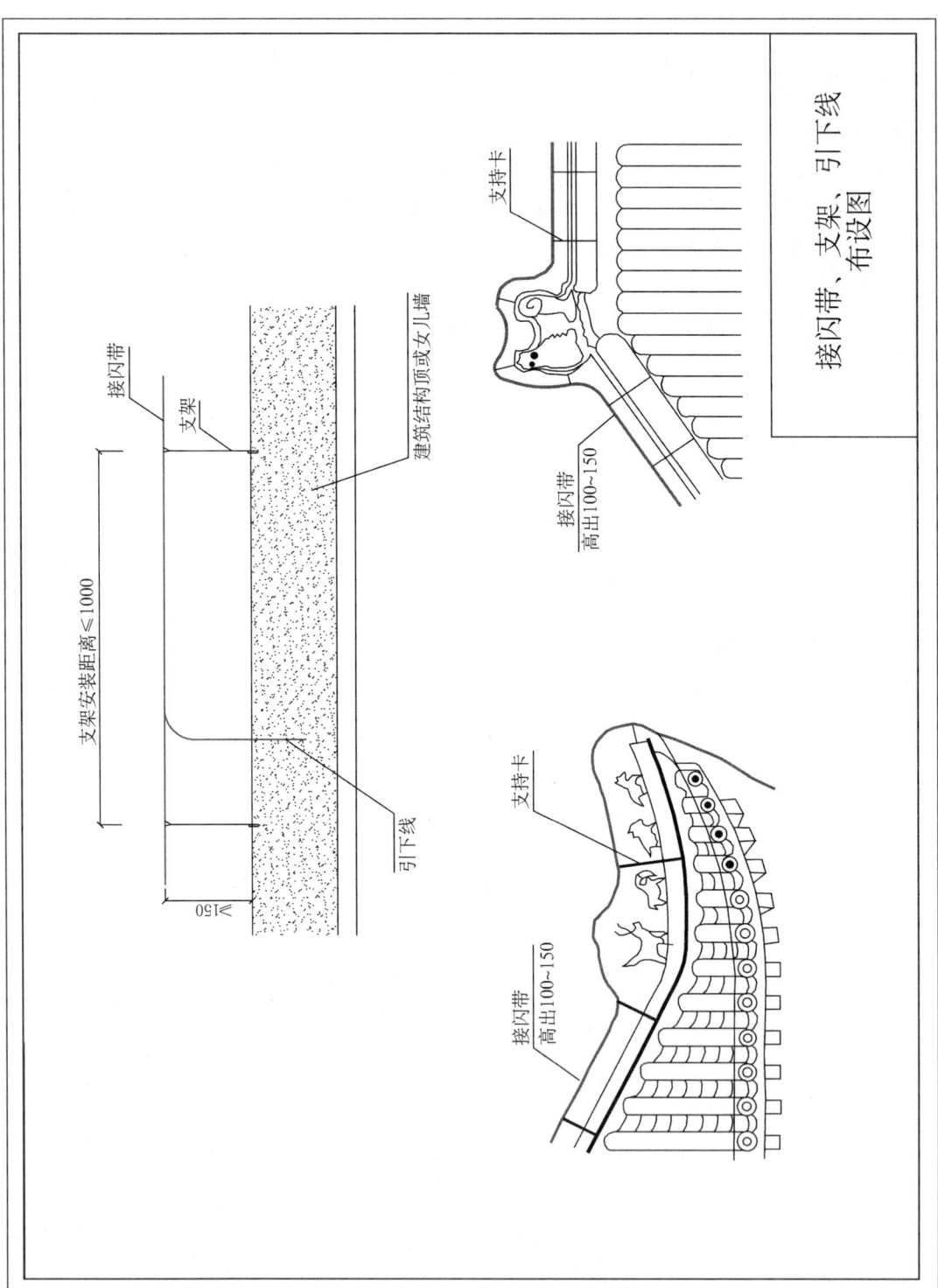

图 6-2 接闪带、支架、引下线布设图

施工说明：

(1) 接闪带支架应当如图 6-3 中所示,确保接闪带布设在外墙外表面或屋檐边的垂直面上。

(2) 固定支架为热镀锌产品,可以通过购置或自行制作。

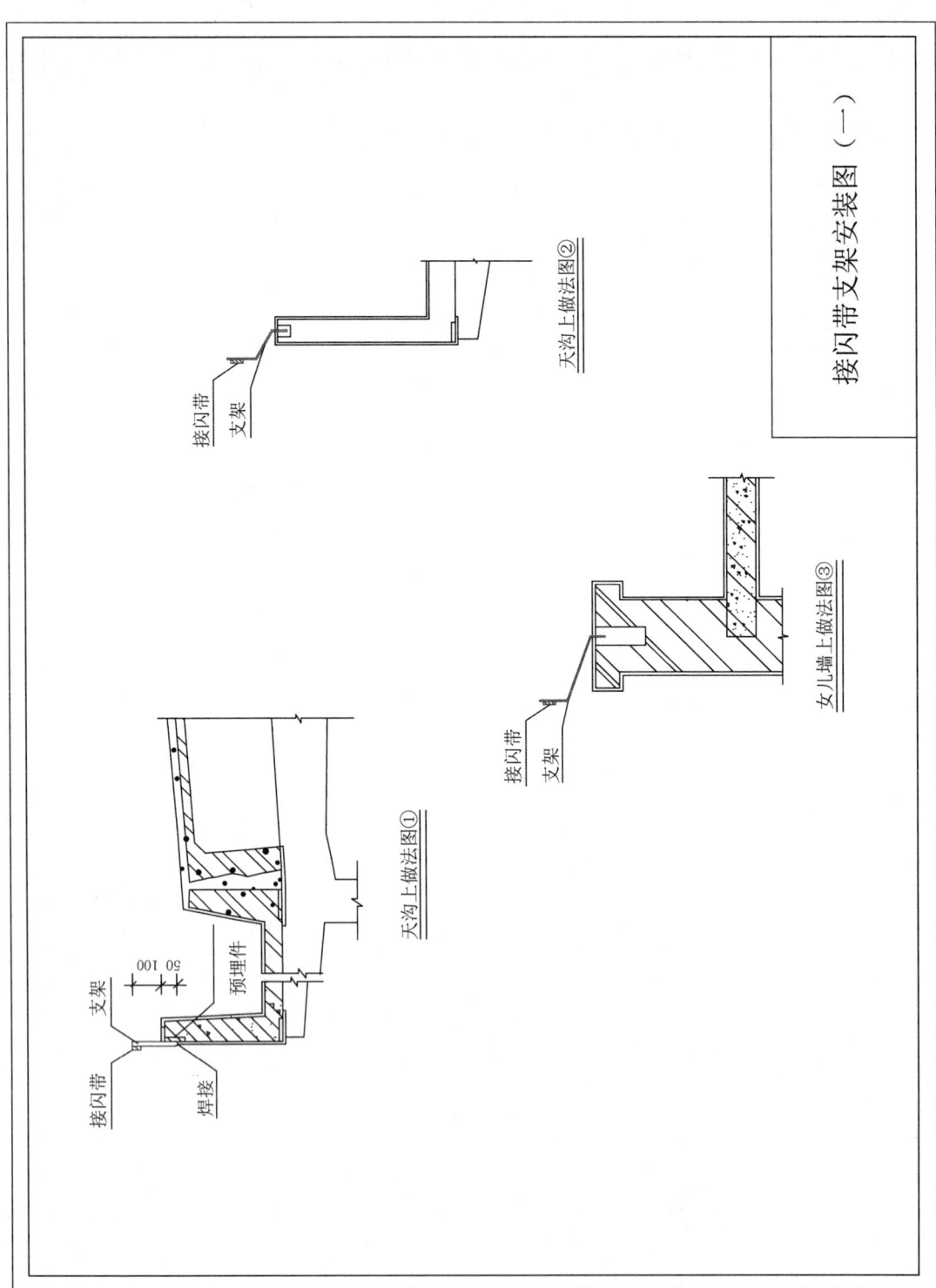

图 6-3 接闪带支架安装图（一）

施工说明：

（1）图 6-4 中的图①、图②为膨胀螺栓法安装接闪带支架，先用电钻钻孔，将膨胀螺栓插入孔内，再将支架底部与膨胀螺栓焊接或通过螺栓固定。

（2）图 6-4 中的图③为支座法，在屋面浇制混凝土底座，支架预埋在底座上固定。本方法适用于平屋面的接闪网格的支架，不适用于屋面的边缘支架。

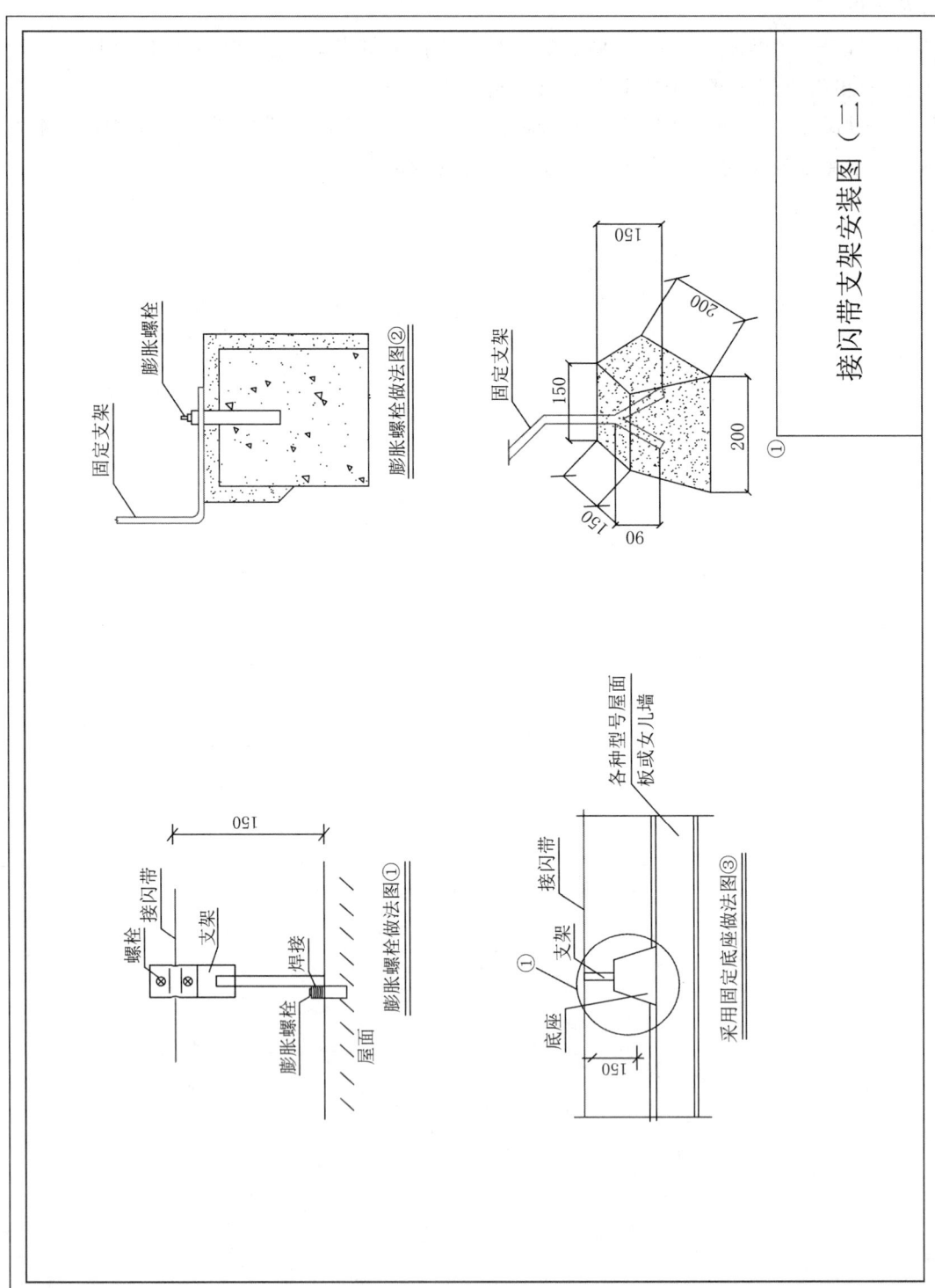

图 6-4 接闪带支架安装图（二）

施工说明：

(1) 图 6-5 的方法适用于瓦屋面的接闪带支架施工。

(2) 在瓦上钻孔，并用木螺丝加橡胶垫固定，每五片瓦一个支架。

(3) 在确保能够承重接闪带情况下，支架安装尽量靠近屋檐边缘，一般距离边缘不超过 0.5 m。

(4) 采用本方法一定要做好防水措施。

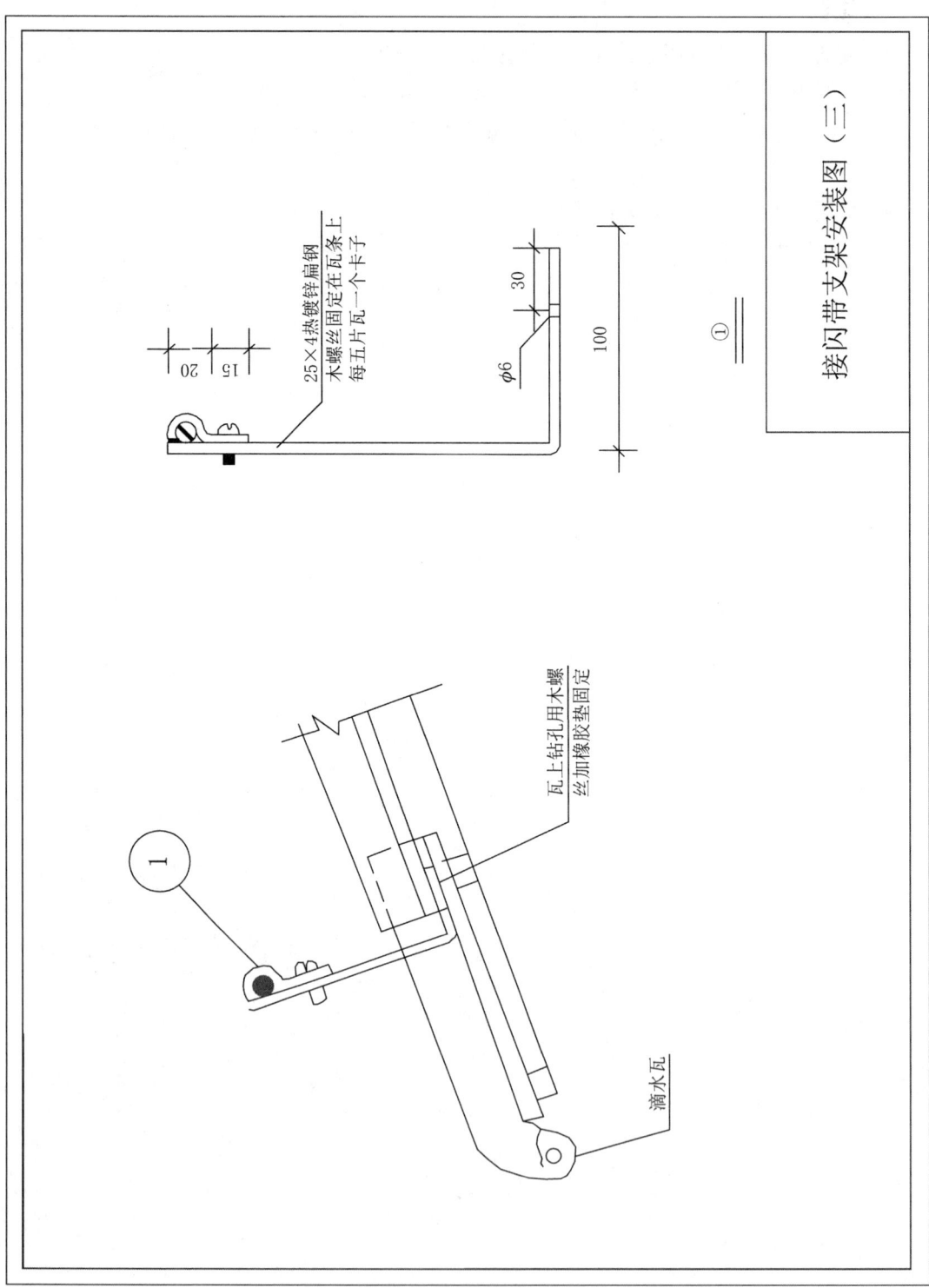

图 6-5 接闪带支架安装图（三）

施工说明:

(1) 图 6-6 的方法适用于瓦屋面的接闪带支架的施工。

(2) 可以直接通过卡箍型支架(可在市场上定制),将支架固定在瓦上,如图 6-6 中图③所示。

(3) 当直接在瓦上钻孔安装固定支架时,如图 6-6 中图②所示,应当做好防水措施。

(4) 在确保能够承重接闪带情况下,支架安装尽量靠近屋檐边缘,一般距离边缘不超过 0.5 m。

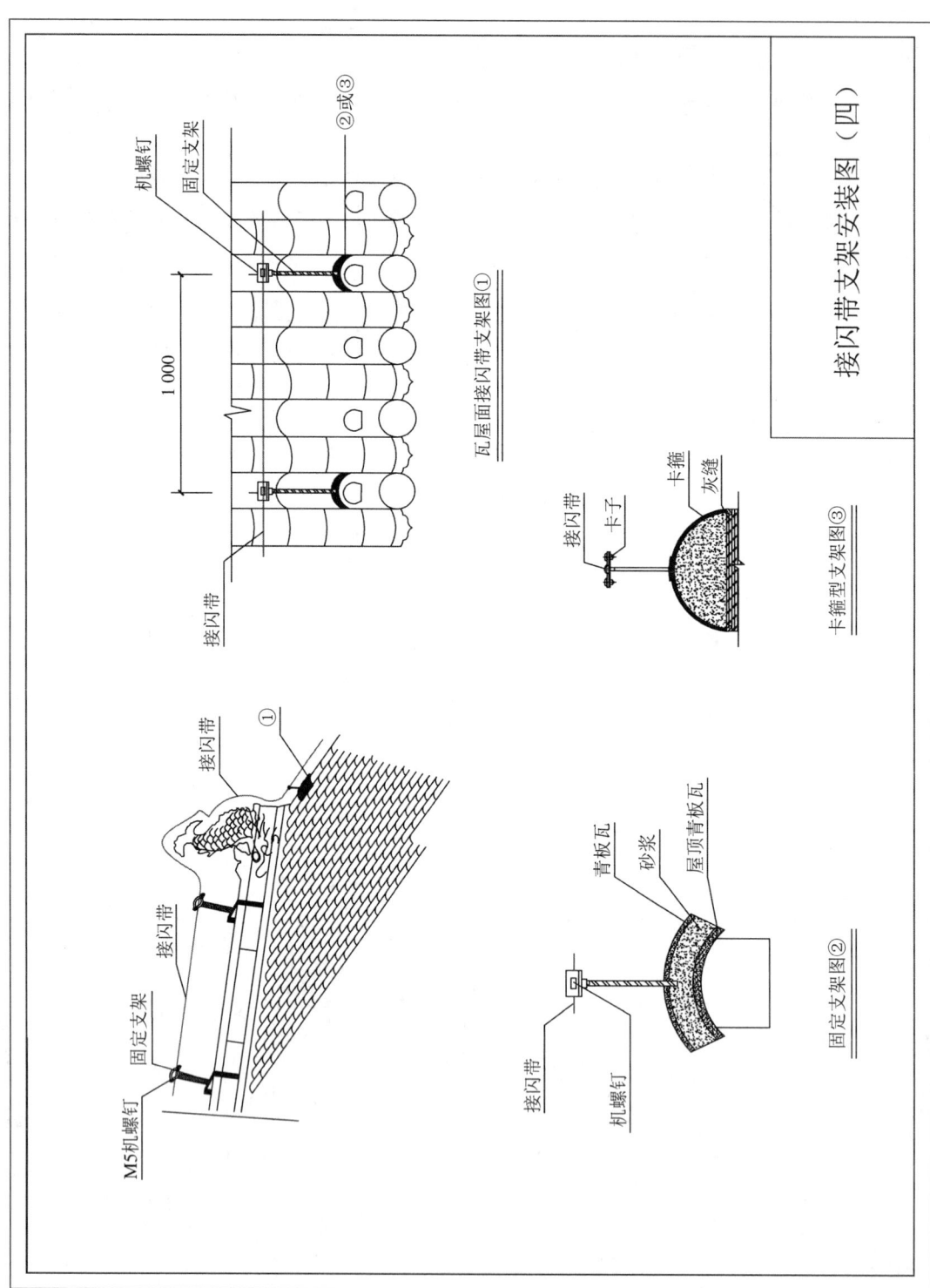

图 6-6 接闪带支架安装图（四）

6.2 引下线施工

引下线是将雷电流从接闪器传导至接地装置的导体,用于将雷电流安全、快速地向大地泄放,引下线上端与接闪器连接,底端与埋在土壤中的接地装置连接。

6.2.1 建筑物内钢筋作引下线

施工说明:

(1) 可以将结构柱内对角两根不小于 $\phi 10$ 钢筋作为引下线,引下线上端与接闪器焊接,下端与基础内的钢筋连接,如图 6-7 所示。

(2) 引下线应通过绑扎、紧固件紧固等方式,确保上下电气贯通。

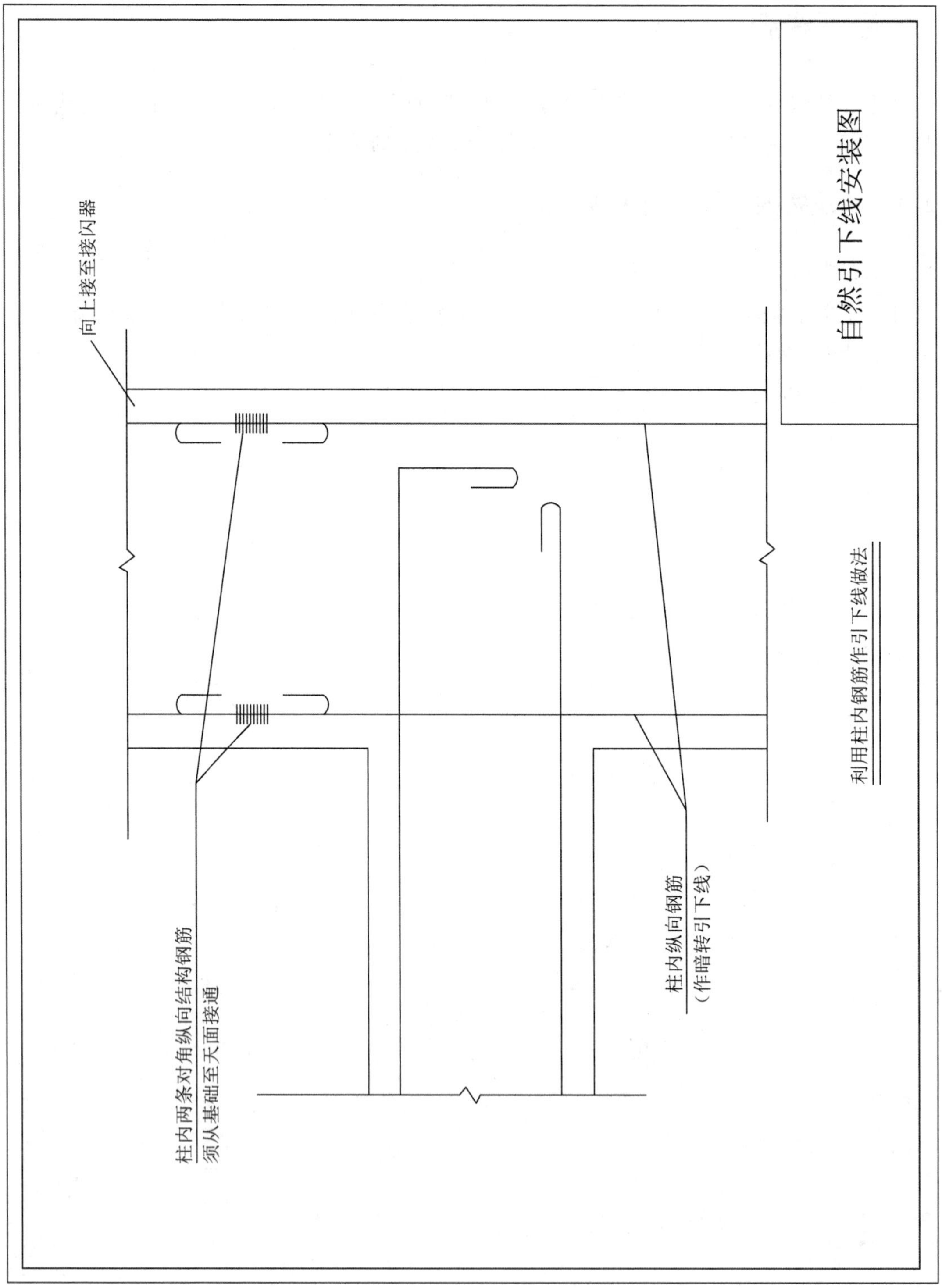

图 6-7 自然引下线安装图

6.2.2 专设引下线

专设引下线,沿建筑物外墙专门敷设,常见于砖混、木质结构建筑物以及老旧建筑,避免设置在人员密集活动的区域,如门、走廊等。

施工说明:

(1) 专设引下线可采用 $\phi10$ 的热镀锌圆钢,沿着外墙墙角、均匀对称布设,上端与屋面的接闪器焊接,下端与防雷接地装置焊接,如图 6-8 所示,焊接方法见本手册 6.6 节。

(2) 引下线应每隔 1.0 m 设固定支架,在墙面上可通过膨胀螺栓或 U 形螺栓固定引下线,立柱上可以通过抱箍固定引下线。

(3) 在距地面 1.8 m 以下应使用绝缘套管(PVC 管)对引下线进行保护。

(4) 距离地面 0.3~1.0 m 设置断接卡。

(5) 引下线应采取防接触电压措施,见本手册 1.0.6 条。

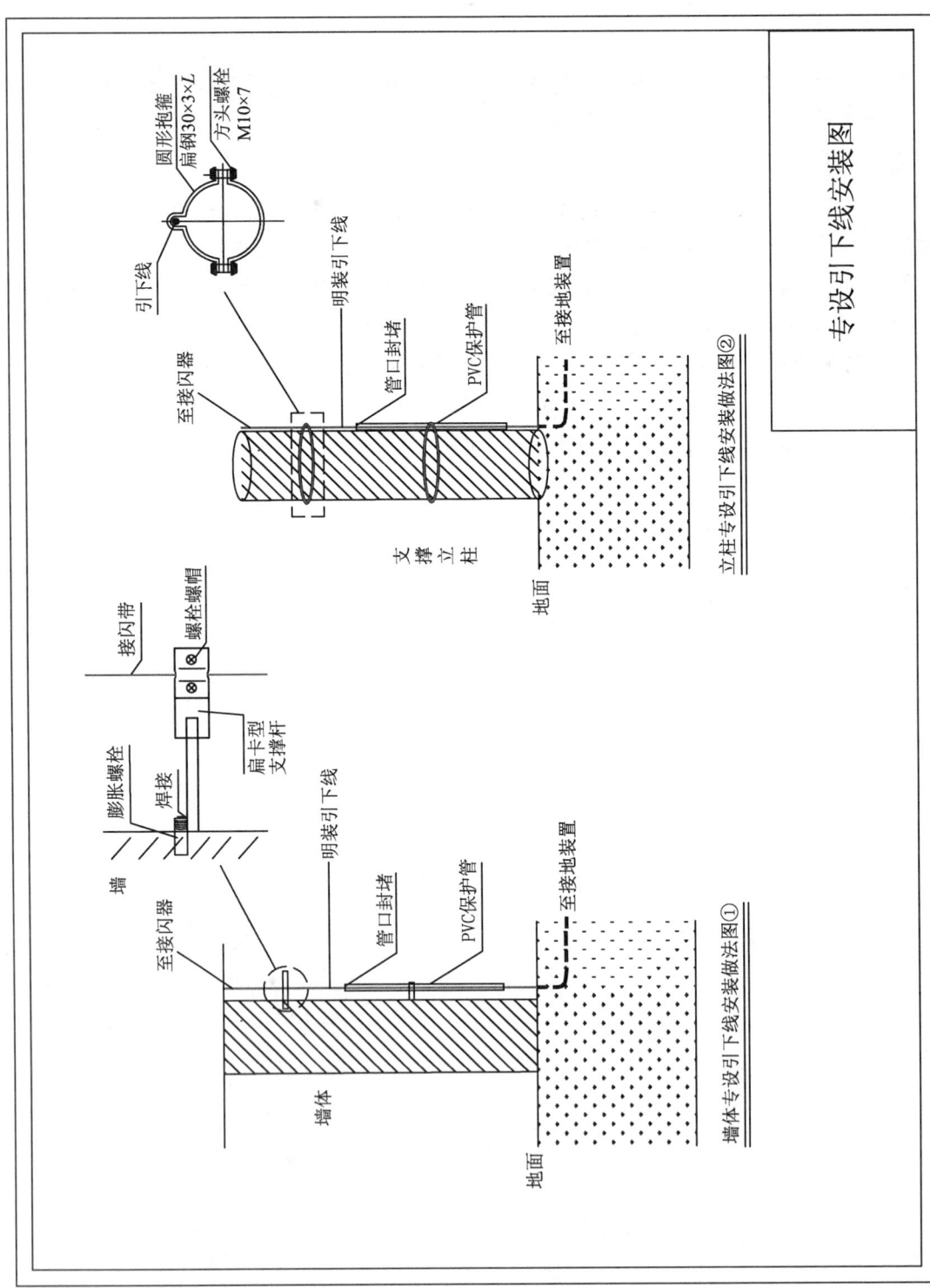

图 6-8 专设引下线安装图

6.3 接地装置施工

接地装置由接地线和接地体组成,用于传导雷电流并将其流散入大地。接地体是埋设在土壤或混凝土基础内起散流雷电作用的导体。接地线是引下线与接地体之间的连接导体,接地端子至接地体之间的连接导体,等电位连接带(或网)至接地体之间的连接导体也常称为接地线。常采用圆钢、扁钢、铜导线等。

6.3.1 自然接地体

自然接地体是兼有接地功能、但不是为此目的而专门设置的与大地有良好接触的各种金属构件、金属井管、混凝土中的钢筋等的统称。

施工说明:

(1) 将条形基础内钢筋作为接地极,要求可靠绑扎。将其中一根主筋延长作为引下线,引下线在引出点上方采用不小于 $\phi 10$ 的热镀锌圆钢直至地面,如图6-9所示。

(2) 将基础作为自然接地体时,应使用埋深 0.5 m 以上的圈梁,否则应另做人工接地体。

(3) 当接地电阻达不到要求时,另做人工接地体,与自然接地体相连。

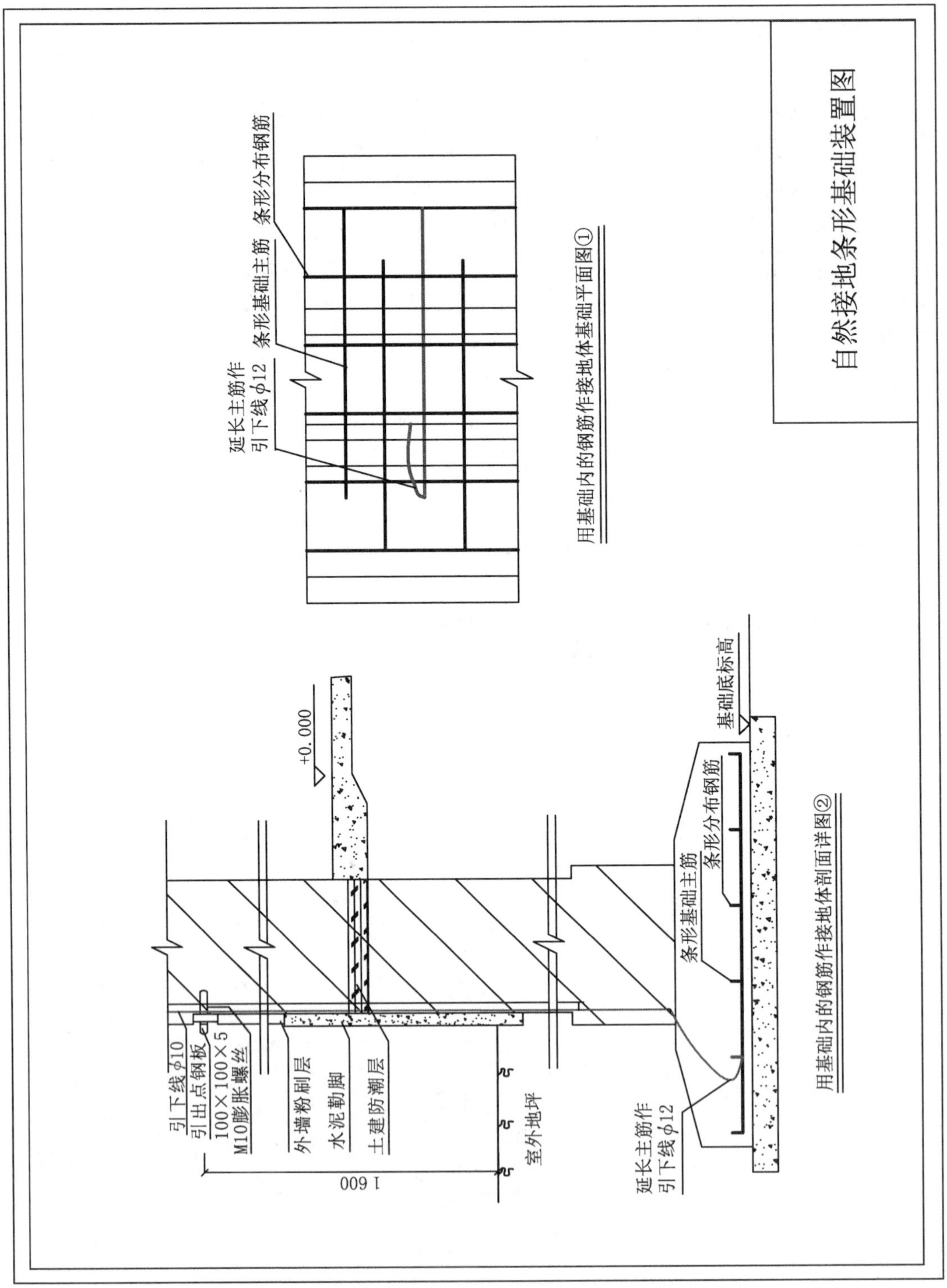

图 6-9 自然接地条形基础装置图

施工说明：

(1) 接地极利用预制钢筋混凝土方桩内主筋。

(2) 环形接地连接线采用40 mm×4 mm镀锌扁钢沿建筑物桩台板外围作为环形敷设，或利用建筑物桩台板板面钢筋作为环形连接，环形接地连接线需与经过的预制桩内2根主筋焊接，如图6-10所示。

(3) 建筑物上部所需要的多组接地线均从环形接地连接线上引出。

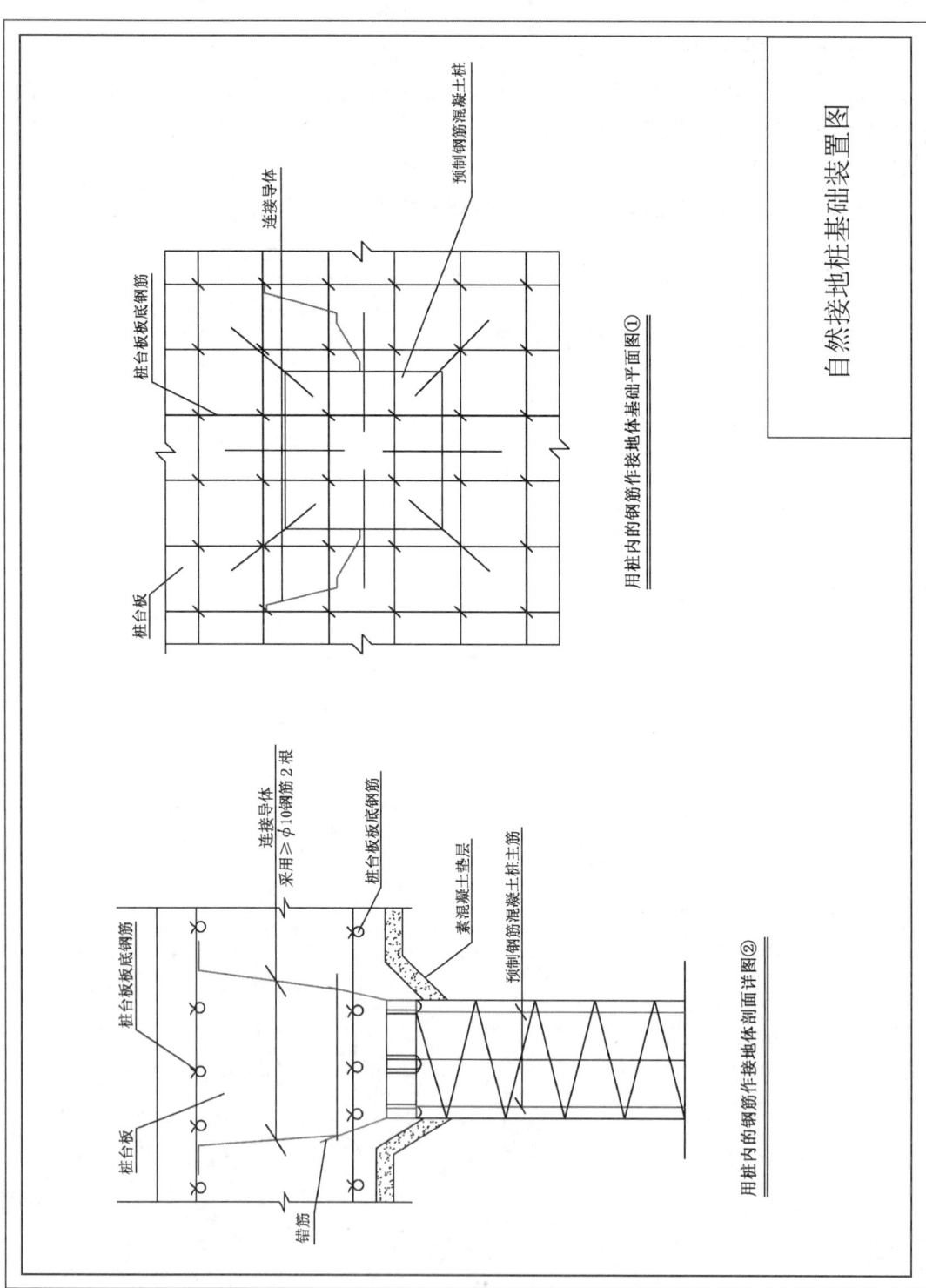

图 6-10 自然接地桩基础装置图

6.3.2 人工接地体

人工接地体是专门敷设的用于将雷电流泄放入地的雷电防护装置。

施工说明:

(1) 接地体一般围绕建筑物敷设成环形接地体,当施工困难时接地体可不用敷设成环形接地体,如图 6-11 所示。

(2) 接地体与建筑物的距离不宜小于 1 m。

(3) 接地体宜远离由于烧窑、烟道等高温影响使土壤电阻率升高的地方。

(4) 在适当位置(一般在配电箱附近)采用 25 mm×4 mm 热镀锌扁钢或 ϕ10 的热镀锌圆钢引出接地线,并与引下线保持 5 m 以上距离。

(5) 各引下线 3 m 范围内地表层的电阻率不小于 50 kΩ·m,或敷设 5 cm 厚沥青层或 15 cm 厚砾石层。

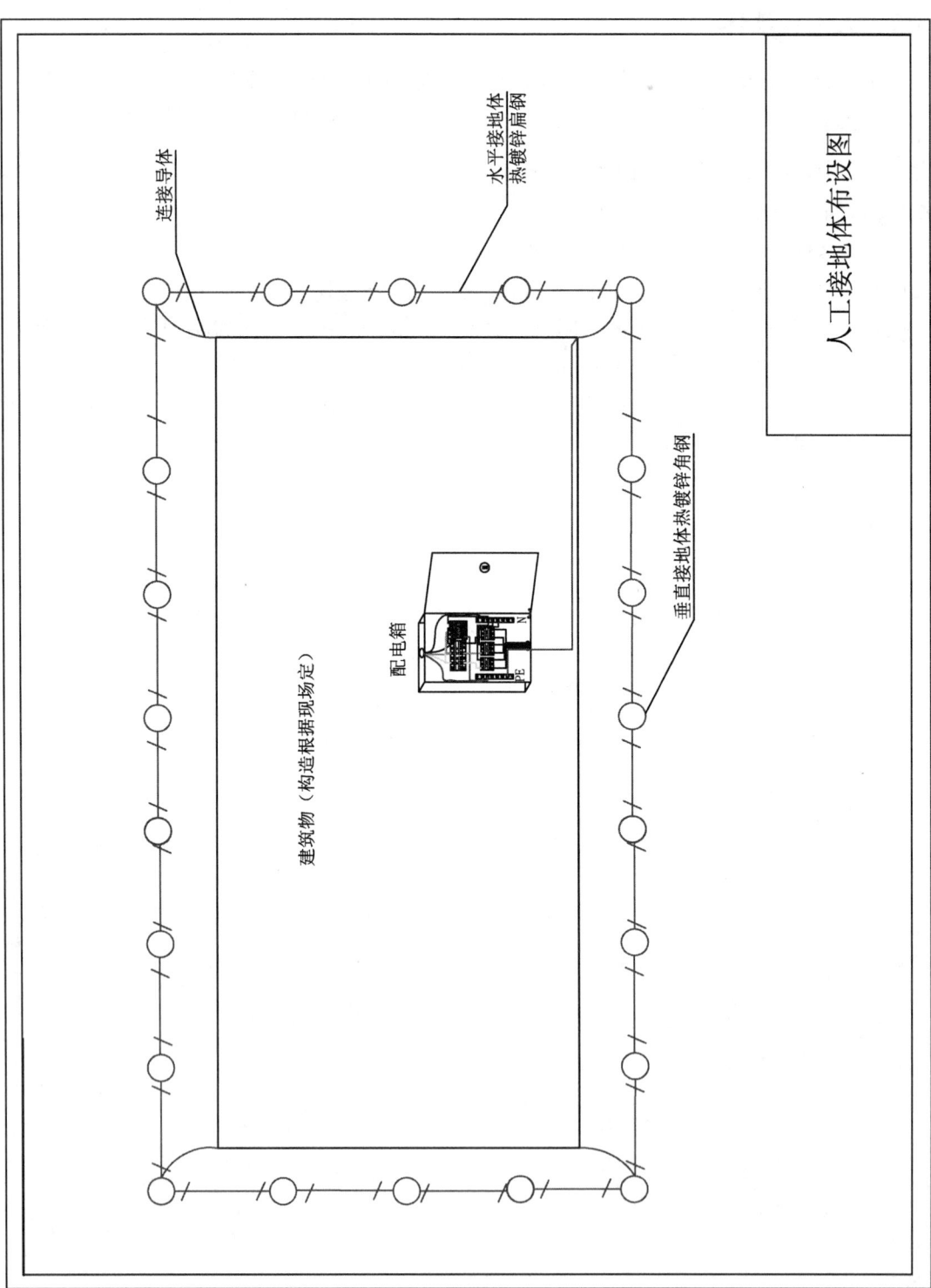

图 6-11 人工接地体布设图

施工说明：

（1）人工接地体由垂直接地体和水平接地体组成，垂直接地体采用长度为 1.5 m 的 ∟50 mm×50 mm×5 mm 热镀锌角钢，水平接地体采用 40 mm×4 mm 热镀锌扁钢。

（2）在建筑物附近开挖 0.6 m 深的接地沟，每隔 3 m 打入一根垂直接地体，再在接地沟内敷设水平接地体，最后回填。当在含砂砾和石头的土壤中施工时，可在接地沟里敷设降阻剂，或用黏土等低土壤电阻率的土壤回填。

（3）垂直接地体与水平接地体通过圆钢搭接件可靠焊接，焊接部分涂刷防腐油漆，焊接方法见本手册 6.6 节。

（4）如因土壤条件，难以打入 1.5 m 长度的垂直接地体，可以适当减少垂直接地体的长度，并按每隔两倍垂直地体长度的间距敷设垂直接地体。

（5）人工接地体应与接地线可靠焊接，接地线采用 40 mm×4 mm 热镀锌扁钢或 ϕ10 以上的热镀锌圆钢，接地线与引下线可靠连接如图 6-12 所示。

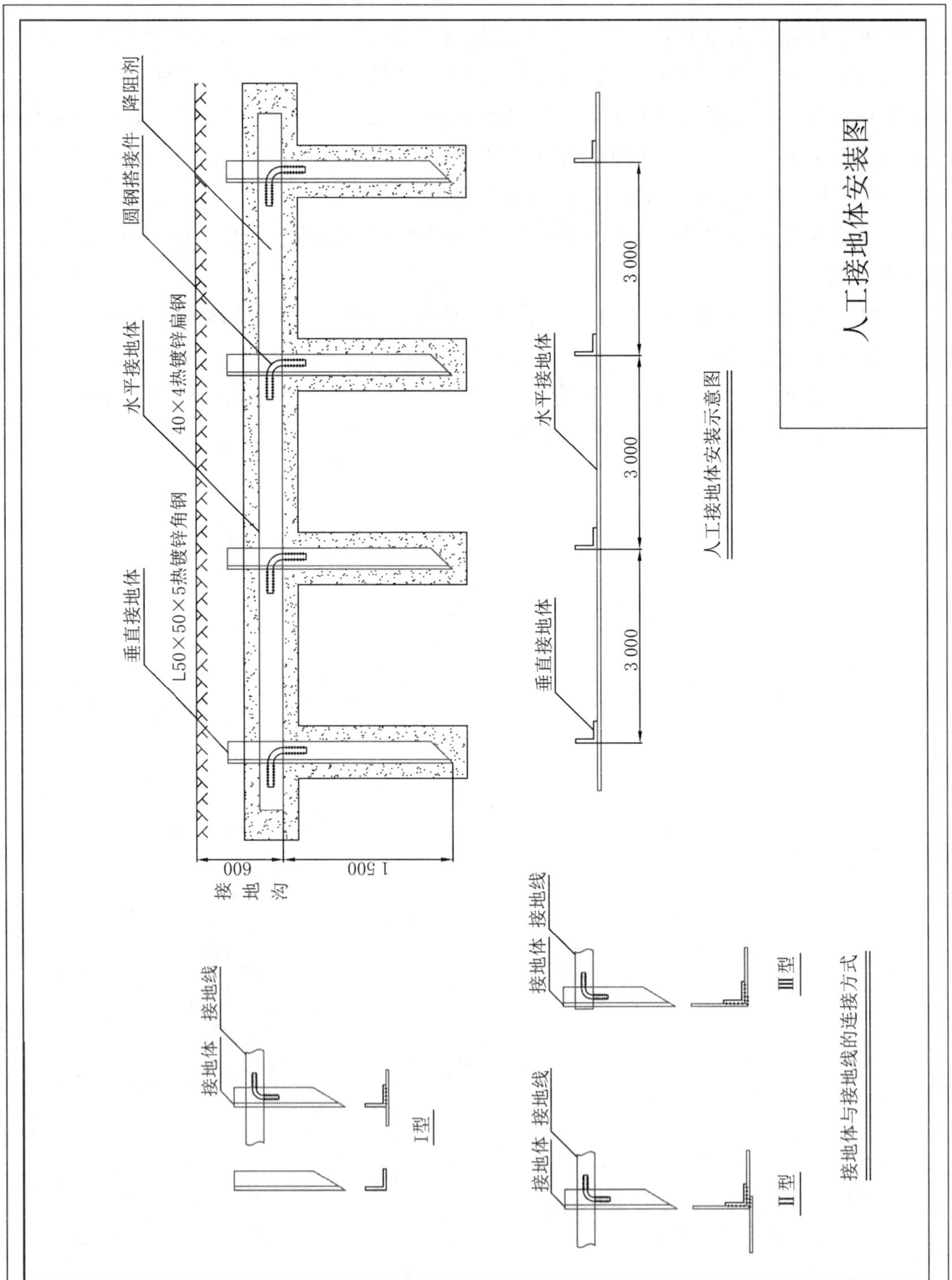

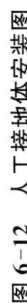

图 6-12 人工接地体安装图

6.4 电涌保护器安装

电涌保护器是用于限制瞬态过电压和分泄电涌电流的器件,可以将在电源线路和信号线路上传导的闪电电涌快速泄放入地,使电气和电子系统免遭雷击。

6.4.1 电源电涌保护器

一般安装于各级配电箱中的 UPS 前端,部分重要用电设备前端使用插座型电源电涌保护器,端口与火线、零线和地线相连。

安装说明:

(1) 选用经过检测合格的电涌保护器。

(2) 电涌保护器应安装平直、美观、整齐。

(3) 用连接导线分别将对应的端口与火线、零线及接地线连接,连接导线应短直,其长度总和不超过 0.5 m。

(4) 固定电涌保护器的固定螺丝、垫片、弹簧垫圈均应按要求紧固不得遗漏。

(5) 应当在电涌保护器的前端安装适配的后备保护装置,后备保护装置的规格根据电涌保护器生产厂家的要求配备,如图 6-13 所示。

(6) 连接导线截面积要求见表 6-1。

表 6-1 电涌保护器连接导线最小截面积

等电位连接部件			材料	最小截面积 (mm²)
连接电涌保护器的导体	电气系统	第一级电涌保护器	Cu(铜)	6
		第二级电涌保护器		4
		第三级电涌保护器		2.5
	电子系统	信号类电涌保护器		1.5
		其他类的电涌保护器(连接导体的截面可小于 1.5 mm²)		根据具体情况确定

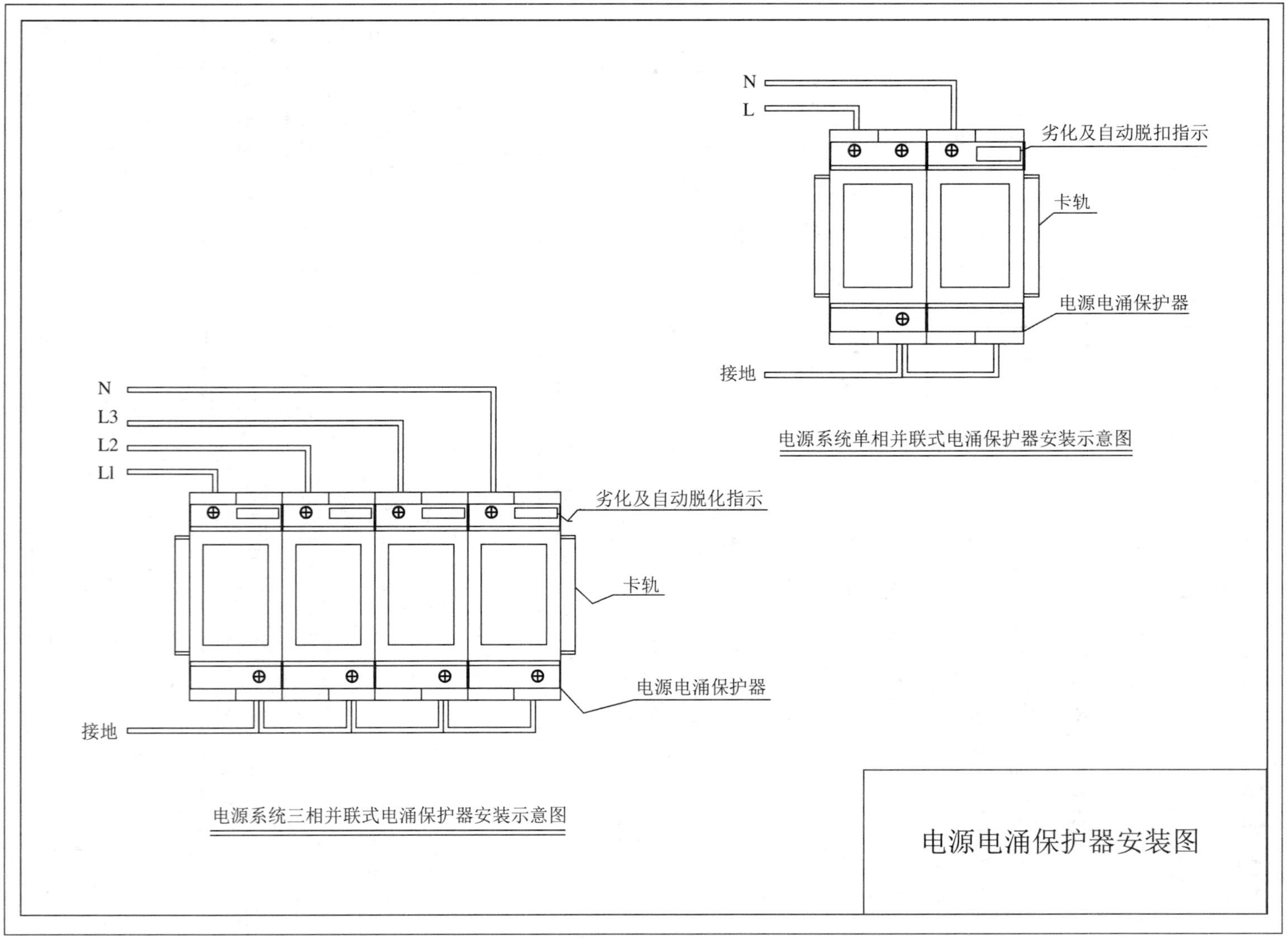

图 6-13 电源电涌保护器安装图

6.4.2 信号电涌保护器

一般安装于网络、视频、监控、天馈、消防、控制、通信、光伏、电话等信号线路上,也可安装于交换机、路由器、信号接收机、光电转换设备或计算机设备前端。

安装说明:

(1) 选用经过检测合格的电涌保护器。

(2) 电涌保护器应安装平直、美观、整齐,如图 6-14 所示。

(3) 选用的电涌保护器应与线路的工作频率、传输速率、传输带宽、工作电压、接口形式、特性阻抗等匹配。安装前,可咨询电涌保护器的生产厂家。

(4) 将信号线路串联在信号电涌保护器输入输出接口,采用 $1.5\ mm^2$ 铜芯线将电涌保护器接地端口接地,长度不超过 0.5 m。

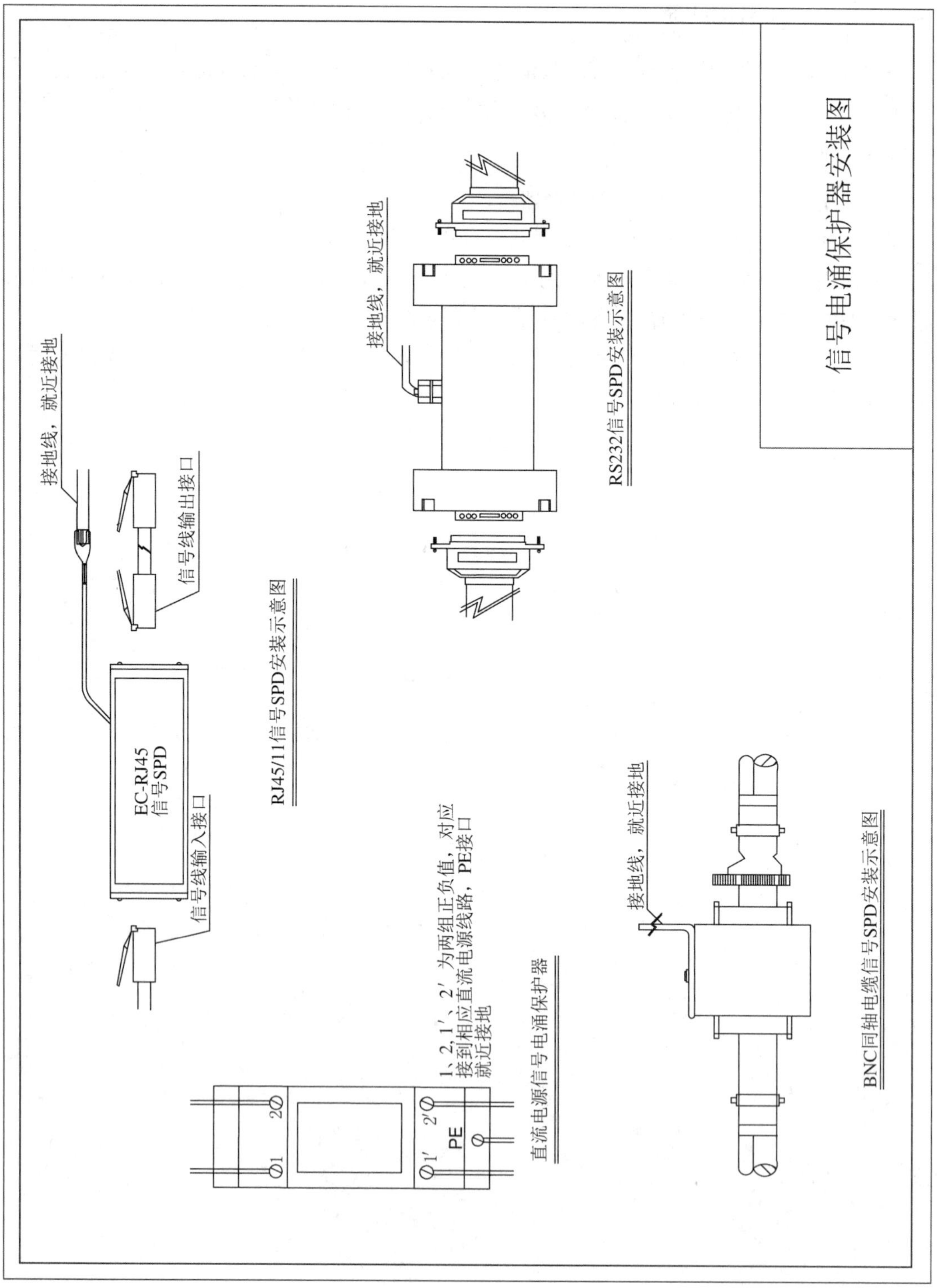

图 6-14 信号电涌保护器安装图

6.5 等电位连接

等电位连接是将分开的金属设施用金属导体连接在一起,以减小相互之间的电位差,避免雷电反击,常将屋顶的设备外壳或底座、金属构件(如栏杆、水箱、屋面扶梯等)与雷电防护装置相连;计算机机房常在静电地板下设置等电位连接排(端子板),设备外壳、机架、机柜等与等电位连接网(带)相连。

安装说明:

(1) 在设备集中的地方设置等电位连接排(端子板),可以采用 30 mm×3 mm 的扁铜制作,长度根据实际需求设置。等电位连接排(端子板)的两端可通过膨胀螺栓固定,如图 6-15 所示。

(2) 在等电位连接排(端子板)上,每隔一定间距开孔(孔径 $\phi 16$),插入 M12 紧固螺丝,连接导线通过螺栓与等电位连接排(端子板)相连。

(3) 网格型等电位连接排,铜排与铜排的交叉连接可采用螺栓紧固。

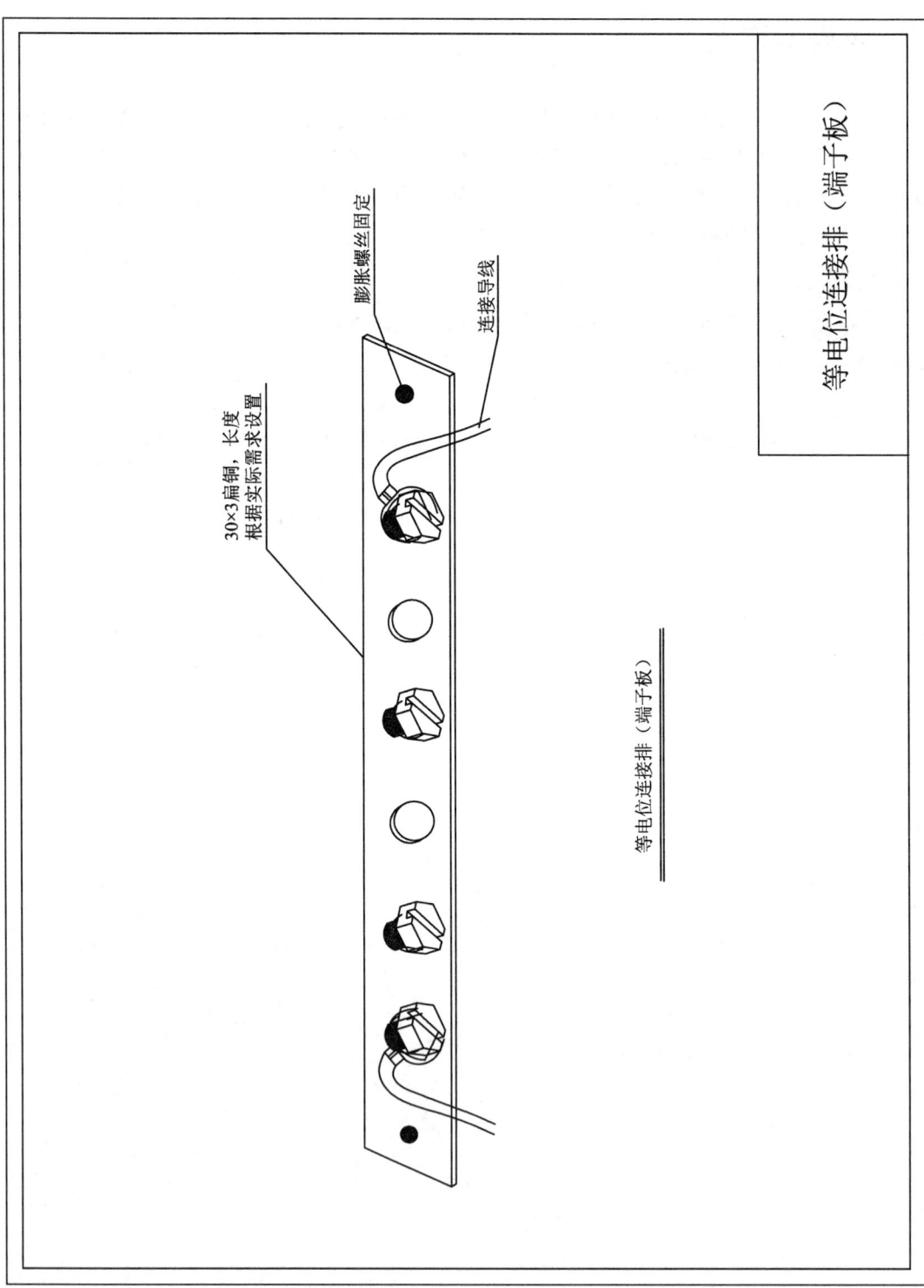

图 6-15 等电位连接排（端子板）

6.6 焊接

施工说明：

(1) 扁钢与扁钢(角钢)搭接为扁钢宽度的2倍，不少于三面施焊。

(2) 圆钢与圆钢搭接为圆钢直径的6倍，双面施焊。

(3) 圆钢与扁钢搭接为圆钢直径的6倍，双面施焊。

(4) 扁钢和圆钢与钢管、角钢互相焊接时，除应在接触部位双面施焊，还应增加圆钢搭接件；圆钢搭接件在水平、垂直方向的焊接长度各为圆钢直径的6倍，双面施焊，如图6-16所示。

(5) 焊接部位应饱满无遗漏，除去焊渣后做防腐处理。

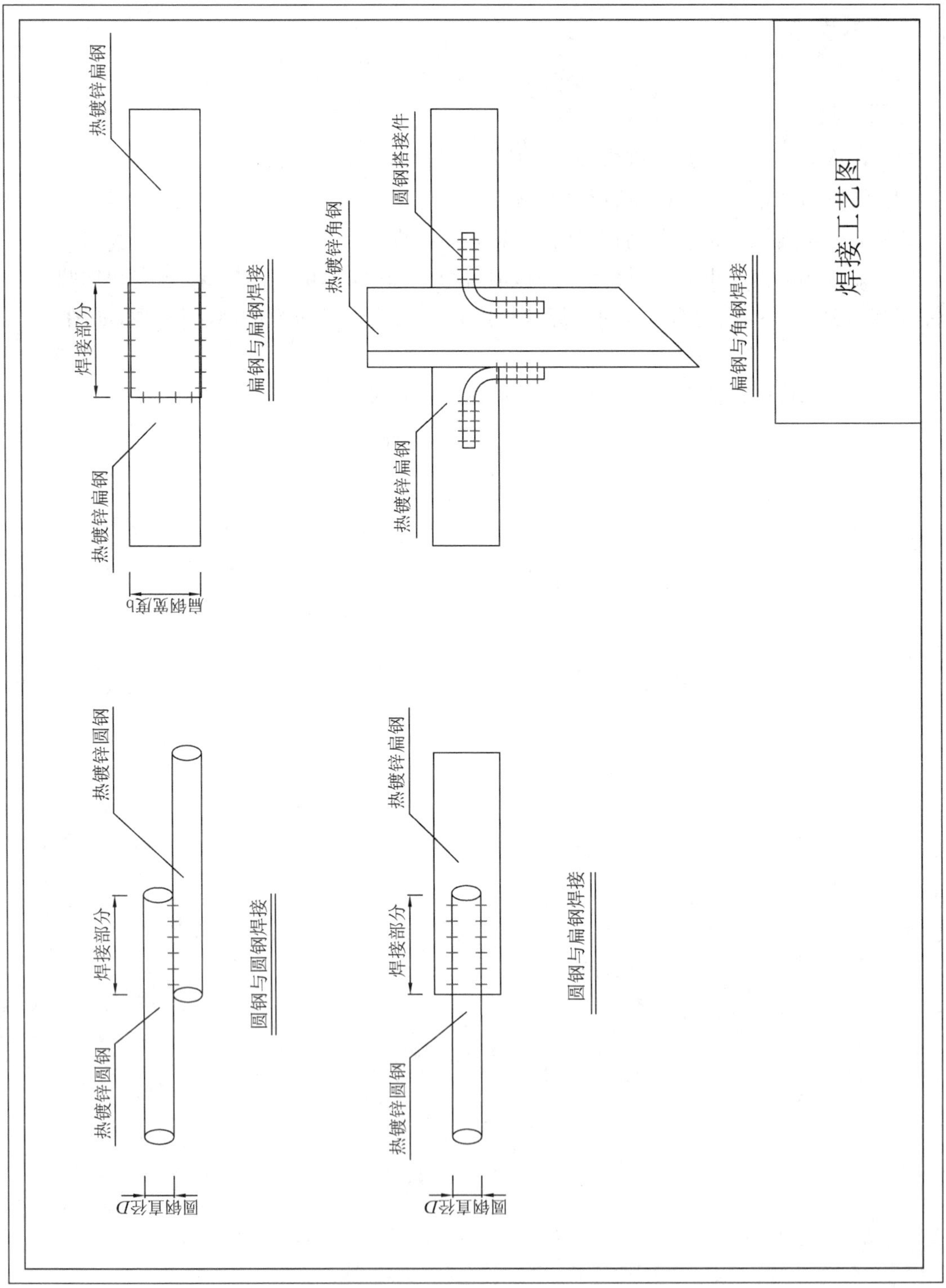
焊接工艺图
热镀锌扁钢
焊接部分
热镀锌扁钢
扁钢宽度b
扁钢与扁钢焊接
热镀锌角钢
圆钢搭接件
热镀锌扁钢
扁钢与角钢焊接
热镀锌圆钢
焊接部分
热镀锌圆钢
圆钢直径D
圆钢与圆钢焊接
热镀锌扁钢
焊接部分
热镀锌圆钢
圆钢直径D
圆钢与扁钢焊接

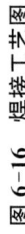

图 6-16　焊接工艺图

7 防雷装置检测与维护

7.0.1 防雷装置施工完成后,宜委托有检测资质的雷电防护装置检测机构进行检测,并按照检测机构的意见进行整改。可在江西省气象局官方网站上查询(网址:http://jx.cma.gov.cn)江西省内的雷电防护装置检测机构。

7.0.2 要加强对雷电防护装置的日常维护,建议每年4月前对雷电防护装置开展一次全面检查,有条件的可委托有检测资质的雷电防护装置检测机构进行检测。4—11月,要加强日常巡查,建议每2~3个月巡查一次,可以按照从上到下、由外到内的顺序开展。要对检测、巡查中发现的问题及时进行整改。

7.0.3 首次自行检查时宜逐一核对防雷装置设计施工技术措施是否符合本手册的第3、4章内容,有偏差的可及时咨询相关的专业技术人员。

7.0.4 日常检查内容:

(1)检查接闪器是否倒伏、倾斜、晃动、断裂、锈蚀,连接点和固定点是否松动、脱落,是否采取防腐措施,防腐层是否脱落,是否缠绕电气和信息线路(不允许缠绕电气和信息线路)。

(2)检查屋面的金属设施与防雷装置的连接导体是否松动、脱落,比如电梯机房设备外壳、金属水箱、卫星接收天线、扶梯、太阳能热水器、太阳能电板支架、配电箱(柜)外壳、空调外壳等。

(3)检查引下线是否锈蚀、断裂,固定点以及与接闪器的连接导体是否松动、脱落,绝缘套管是否损坏破裂。

(4)检查接地装置的地面(距离建筑墙角2 m范围内)是否沉陷,是否因挖土方、敷设管线或种植树木而挖断接地装置,接地线与引下线的连接是否松动、脱落。

(5)检查电涌保护器的表面是否有裂痕、烧灼痕、变形、积尘,标识是否完整、清晰,是否发热,接线是否松动、脱落,状态指示是否运行正常。重点检查各类配电箱、配电柜及重点设备前端的电源电涌保护器,网络路由器、交换机、服务器、电视卫星接收主机、广播功放、监控摄像头、监控主机、消防控制台等附近的信号电涌保护器。

(6)检查计算机机房等电位连接导体是否松动、脱落,等电位连接网(带)是否断裂、锈蚀。重点检查机房配电箱外壳、UPS及电池柜金属外壳、电子设备金属外壳、机柜、机架、配线架、金属管道、线槽、桥架、防静电地板支架的等电位连接导体。常采用黄绿双色线与机房等电位网(带)连接。

(7)检查学校旗杆、人员出入频繁的孤立建(构)筑物、水塔和铁塔周围是否安装防雷警示牌。

附录 A

江西省各县区年平均雷暴日

市	县（区）	年平均雷暴日数（d/a）	市	县（区）	年平均雷暴日数（d/a）
南昌市	东湖区、西湖区、青云谱区、青山湖区、红谷滩区	49.6	赣州市	崇义县	57.8
	新建区	45.0		安远县	60.9
	南昌县	45.2		定南县	65.0
	安义县	54.6		全南县	69.4
	进贤县	48.6		宁都县	59.4
九江市	濂溪区、浔阳区、柴桑区	35.2		于都县	59.0
	武宁县	55.1		兴国县	62.1
	修水县	53.6		会昌县	68.9
	永修县	45.6		寻乌县	69.7
	德安县	50.0		石城县	62.6
	都昌县	46.8		瑞金市	62.5
	湖口县	36.9		龙南市	64.7
	彭泽县	33.2	新余市	渝水区	47.6
	瑞昌市	39.6		分宜县	51.9
	共青城市*	50.0	鹰潭市	月湖区	50.2
	庐山市	45.4		余江区	55.3
赣州市	章贡区	59.0		贵溪市	55.5
	南康区	65.2	萍乡市	安源区、湘东区	50.2
	赣县区*	59.0		莲花县	57.1
	信丰县	62.1		上栗县*	50.2
	大余县	68.8		芦溪县*	50.2
	上犹县	62.5	景德镇市	昌江区、珠山区	48.4
				浮梁县*	48.4
				乐平市	44.7

(续表)

市	县(区)	年平均雷暴日数(d/a)	市	县(区)	年平均雷暴日数(d/a)
上饶市	信州区	52.4	吉安市	吉州区、青原区*	59.0
	广丰区	57.4		吉安县	59.0
	广信区*	52.4		吉水县	51.9
	玉山县	56.8		峡江县	55.3
	铅山县	55.3		新干县	49.6
	横峰县	55.1		永丰县	58.1
	弋阳县	55.5		泰和县	52.5
	余干县	53.6		遂川县	65.3
	鄱阳县	48.8		万安县	60.5
	万年县	52.6		安福县	59.9
	婺源县	50.5		永新县	63.1
	德兴市	53.6		井冈山市	62.0
宜春市	袁州区	60.6	抚州市	临川区	52.4
	奉新县	57.4		东乡区	43.5
	万载县	56.9		南城县	56.5
	上高县	50.0		黎川县	57.3
	宜丰县	60.6		南丰县	55.3
	靖安县	57.4		崇仁县	51.8
	铜鼓县	58.8		乐安县	55.1
	丰城市	47.3		宜黄县	46.7
	樟树市	51.5		金溪县	57.5
	高安市	52.6		资溪县	58.1
				广昌县	61.2
/	/	/	/	/	/

注：标有*的县(区)建站较晚，根据附近观测台站数据统计。

附录 B

农村常见建筑防雷分类参考表

附表 B-1　南昌市各区县农村常见建筑防雷分类表

县(区)	长度(m)	宽度(m)	所处位置及特征	一般民用建筑物 高度(m)	一般民用建筑物 防雷分类	重要或人员密集的建筑物 高度(m)	重要或人员密集的建筑物 防雷分类
东湖区、西湖区、青云谱区、青山湖区、红谷滩区	12.0	8.0	一般情况	3～13	一般农村民居防雷建筑物	3～13	第三类
				14～18	第三类	14～18	第二类
			位于河边、湖边、山坡下或土山顶部等处	3～8	一般农村民居防雷建筑物	3～8	第三类
				9～18	第三类	9～18	第二类
	25.0	16.0	一般情况	3～10	一般农村民居防雷建筑物	3～10	第三类
				11～18	第三类	11～18	第二类
			位于河边、湖边、山坡下或土山顶部等处	3～5	一般农村民居防雷建筑物	3～5	第三类
				6～18	第三类	6～18	第二类
新建区	12.0	8.0	一般情况	3～15	一般农村民居防雷建筑物	3～15	第三类
				16～18	第三类	16～18	第二类
			位于河边、湖边、山坡下或土山顶部等处	3～9	一般农村民居防雷建筑物	3～9	第三类
				10～18	第三类	10～18	第二类
	25.0	16.0	一般情况	3～11	一般农村民居防雷建筑物	3～11	第三类
				12～18	第三类	12～18	第二类
			位于河边、湖边、山坡下或土山顶部等处	3～6	一般农村民居防雷建筑物	3～6	第三类
				7～18	第三类	7～18	第二类

附录 B　农村常见建筑防雷分类参考表

(续表)

县(区)	长度(m)	宽度(m)	所处位置及特征	一般民用建筑物		重要或人员密集的建筑物	
				高度(m)	防雷分类	高度(m)	防雷分类
南昌县	12.0	8.0	一般情况	3～15	一般农村民居防雷建筑物	3～15	第三类
				16～18	第三类	16～18	第二类
			位于河边、湖边、山坡下或土山顶部等处	3～9	一般农村民居防雷建筑物	3～9	第三类
				10～18	第三类	10～18	第二类
	25.0	16.0	一般情况	3～11	一般农村民居防雷建筑物	3～11	第三类
				12～18	第三类	12～18	第二类
			位于河边、湖边、山坡下或土山顶部等处	3～6	一般农村民居防雷建筑物	3～6	第三类
				7～18	第三类	7～18	第二类
安义县	12.0	8.0	一般情况	3～12	一般农村民居防雷建筑物	3～12	第三类
				13～18	第三类	13～18	第二类
			位于河边、湖边、山坡下或土山顶部等处	3～7	一般农村民居防雷建筑物	3～7	第三类
				8～18	第三类	8～18	第二类
	25.0	16.0	一般情况	3～8	一般农村民居防雷建筑物	3～8	第三类
				9～18	第三类	9～18	第二类
			位于河边、湖边、山坡下或土山顶部等处	3～5	一般农村民居防雷建筑物	3～5	第三类
				6～18	第三类	6～18	第二类
进贤县	12.0	8.0	一般情况	3～13	一般农村民居防雷建筑物	3～13	第三类
				14～18	第三类	14～18	第二类
			位于河边、湖边、山坡下或土山顶部等处	3～8	一般农村民居防雷建筑物	3～8	第三类
				9～18	第三类	9～18	第二类
	25.0	16.0	一般情况	3～10	一般农村民居防雷建筑物	3～10	第三类
				11～18	第三类	11～18	第二类
			位于河边、湖边、山坡下或土山顶部等处	3～6	一般农村民居防雷建筑物	3～6	第三类
				7～18	第三类	7～18	第二类

附表 B‑2　九江市各区县农村常见建筑防雷分类表

县(区)	长度(m)	宽度(m)	所处位置及特征	一般民用建筑物		重要或人员密集的建筑物	
				高度(m)	防雷分类	高度(m)	防雷分类
濂溪区、浔阳区、柴桑区	12.0	8.0	一般情况	5～18	一般农村民居防雷建筑物	3～18	第三类
			位于河边、湖边、山坡下或土山顶部等处	3～13	一般农村民居防雷建筑物	3～13	第三类
				14～18	第三类	14～18	第二类
	25.0	16.0	一般情况	3～16	一般农村民居防雷建筑物	3～16	第三类
				17～18	第三类	17～18	第二类
			位于河边、湖边、山坡下或土山顶部等处	3～9	一般农村民居防雷建筑物	3～9	第三类
				10～18	第三类	10～18	第二类
湖口县	12.0	8.0	一般情况	4～18	一般农村民居防雷建筑物	3～18	第三类
			位于河边、湖边、山坡下或土山顶部等处	3～11	一般农村民居防雷建筑物	3～11	第三类
				12～18	第三类	12～18	第二类
	25.0	16.0	一般情况	3～15	一般农村民居防雷建筑物	3～15	第三类
				16～18	第三类	16～18	第二类
			位于河边、湖边、山坡下或土山顶部等处	3～8	一般农村民居防雷建筑物	3～8	第三类
				9～18	第三类	9～18	第二类
都昌县	12.0	8.0	一般情况	3～14	一般农村民居防雷建筑物	3～14	第三类
				15～18	第三类	15～18	第二类
			位于河边、湖边、山坡下或土山顶部等处	3～8	一般农村民居防雷建筑物	3～8	第三类
				9～18	第三类	9～18	第二类
	25.0	16.0	一般情况	3～11	一般农村民居防雷建筑物	3～11	第三类
				12～18	第三类	12～18	第二类
			位于河边、湖边、山坡下或土山顶部等处	3～6	一般农村民居防雷建筑物	3～6	第三类
				7～18	第三类	7～18	第二类

附录 B 农村常见建筑防雷分类参考表

(续表)

县(区)	长度(m)	宽度(m)	所处位置及特征	一般民用建筑物		重要或人员密集的建筑物	
				高度(m)	防雷分类	高度(m)	防雷分类
修水县	12.0	8.0	一般情况	3~12	一般农村民居防雷建筑物	3~12	第三类
				13~18	第三类	13~18	第二类
			位于河边、湖边、山坡下或土山顶部等处	3~7	一般农村民居防雷建筑物	3~7	第三类
				8~18	第三类	8~18	第二类
	25.0	16.0	一般情况	3~9	一般农村民居防雷建筑物	3~9	第三类
				10~18	第三类	10~18	第二类
			位于河边、湖边、山坡下或土山顶部等处	3~5	一般农村民居防雷建筑物	3~5	第三类
				6~18	第三类	6~18	第二类
彭泽县	12.0	8.0	一般情况	5~18	一般农村民居防雷建筑物	3~18	第三类
			位于河边、湖边、山坡下或土山顶部等处	3~13	一般农村民居防雷建筑物	3~13	第三类
				14~18	第三类	14~18	第二类
	25.0	16.0	一般情况	3~17	一般农村民居防雷建筑物	3~17	第三类
				18	第三类	18	第二类
			位于河边、湖边、山坡下或土山顶部等处	3~10	一般农村民居防雷建筑物	3~10	第三类
				11~18	第三类	11~18	第二类
共青城市	12.0	8.0	一般情况	3~13	一般农村民居防雷建筑物	3~13	第三类
				14~18	第三类	14~18	第二类
			位于河边、湖边、山坡下或土山顶部等处	3~8	一般农村民居防雷建筑物	3~8	第三类
				9~18	第三类	9~18	第二类
	25.0	16.0	一般情况	3~10	一般农村民居防雷建筑物	3~10	第三类
				11~18	第三类	11~18	第二类
			位于河边、湖边、山坡下或土山顶部等处	3~5	一般农村民居防雷建筑物	3~5	第三类
				6~18	第三类	6~18	第二类

111

（续表）

县（区）	长度(m)	宽度(m)	所处位置及特征	一般民用建筑物		重要或人员密集的建筑物	
				高度(m)	防雷分类	高度(m)	防雷分类
德安县	12.0	8.0	一般情况	3～13	一般农村民居防雷建筑物	3～13	第三类
				14～18	第三类	14～18	第二类
			位于河边、湖边、山坡下或土山顶部等处	3～8	一般农村民居防雷建筑物	3～8	第三类
				9～18	第三类	9～18	第二类
	25.0	16.0	一般情况	3～10	一般农村民居防雷建筑物	3～10	第三类
				11～18	第三类	11～18	第二类
			位于河边、湖边、山坡下或土山顶部等处	3～5	一般农村民居防雷建筑物	3～5	第三类
				6～18	第三类	6～18	第二类
庐山市	12.0	8.0	一般情况	3～15	一般农村民居防雷建筑物	3～15	第三类
				16～18	第三类	16～18	第二类
			位于河边、湖边、山坡下或土山顶部等处	3～9	一般农村民居防雷建筑物	3～9	第三类
				10～18	第三类	10～18	第二类
	25.0	16.0	一般情况	3～11	一般农村民居防雷建筑物	3～11	第三类
				12～18	第三类	12～18	第二类
			位于河边、湖边、山坡下或土山顶部等处	3～6	一般农村民居防雷建筑物	3～6	第三类
				7～18	第三类	7～18	第二类
瑞昌市	12.0	8.0	一般情况	4～17	一般农村民居防雷建筑物	3～17	第三类
				18	第三类	18	第二类
			位于河边、湖边、山坡下或土山顶部等处	3～10	一般农村民居防雷建筑物	3～10	第三类
				11～18	第三类	11～18	第二类
	25.0	16.0	一般情况	3～13	一般农村民居防雷建筑物	3～13	第三类
				14～18	第三类	14～18	第二类
			位于河边、湖边、山坡下或土山顶部等处	3～7	一般农村民居防雷建筑物	3～7	第三类
				8～18	第三类	8～18	第二类

(续表)

县(区)	长度(m)	宽度(m)	所处位置及特征	一般民用建筑物 高度(m)	一般民用建筑物 防雷分类	重要或人员密集的建筑物 高度(m)	重要或人员密集的建筑物 防雷分类
武宁县	12.0	8.0	一般情况	3～12	一般农村民居防雷建筑物	3～12	第三类
				13～18	第三类	13～18	第二类
			位于河边、湖边、山坡下或土山顶部等处	3～7	一般农村民居防雷建筑物	3～7	第三类
				8～18	第三类	8～18	第二类
	25.0	16.0	一般情况	3～9	一般农村民居防雷建筑物	3～9	第三类
				10～18	第三类	10～18	第二类
			位于河边、湖边、山坡下或土山顶部等处	3～5	一般农村民居防雷建筑物	3～5	第三类
				6～18	第三类	6～18	第二类
永修县	12.0	8.0	一般情况	3～15	一般农村民居防雷建筑物	3～15	第三类
				16～18	第三类	16～18	第二类
			位于河边、湖边、山坡下或土山顶部等处	3～9	一般农村民居防雷建筑物	3～9	第三类
				10～18	第三类	10～18	第二类
	25.0	16.0	一般情况	3～11	一般农村民居防雷建筑物	3～11	第三类
				12～18	第三类	12～18	第二类
			位于河边、湖边、山坡下或土山顶部等处	3～6	一般农村民居防雷建筑物	3～6	第三类
				7～18	第三类	7～18	第二类

附表 B-3 景德镇市各区县农村常见建筑防雷分类表

县(区)	长度(m)	宽度(m)	所处位置及特征	一般民用建筑物 高度(m)	一般民用建筑物 防雷分类	重要或人员密集的建筑物 高度(m)	重要或人员密集的建筑物 防雷分类
昌江区、珠山区	12.0	8.0	一般情况	3～14	一般农村民居防雷建筑物	3～14	第三类
				15～18	第三类	15～18	第二类
			位于河边、湖边、山坡下或土山顶部等处	3～8	一般农村民居防雷建筑物	3～8	第三类
				9～18	第三类	9～18	第二类
	25.0	16.0	一般情况	3～10	一般农村民居防雷建筑物	3～10	第三类
				11～18	第三类	11～18	第二类
			位于河边、湖边、山坡下或土山顶部等处	3～6	一般农村民居防雷建筑物	3～6	第三类
				7～18	第三类	7～18	第二类

(续表)

县（区）	长度(m)	宽度(m)	所处位置及特征	一般民用建筑物		重要或人员密集的建筑物	
				高度(m)	防雷分类	高度(m)	防雷分类
浮梁县	12.0	8.0	一般情况	3～14	一般农村民居防雷建筑物	3～14	第三类
				15～18	第三类	15～18	第二类
			位于河边、湖边、山坡下或土山顶部等处	3～8	一般农村民居防雷建筑物	3～8	第三类
				9～18	第三类	9～18	第二类
	25.0	16.0	一般情况	3～10	一般农村民居防雷建筑物	3～10	第三类
				11～18	第三类	11～18	第二类
			位于河边、湖边、山坡下或土山顶部等处	3～6	一般农村民居防雷建筑物	3～6	第三类
				7～18	第三类	7～18	第二类
乐平市	12.0	8.0	一般情况	3～15	一般农村民居防雷建筑物	3～15	第三类
				16～18	第三类	16～18	第二类
			位于河边、湖边、山坡下或土山顶部等处	3～9	一般农村民居防雷建筑物	3～9	第三类
				10～18	第三类	10～18	第二类
	25.0	16.0	一般情况	3～11	一般农村民居防雷建筑物	3～11	第三类
				12～18	第三类	12～18	第二类
			位于河边、湖边、山坡下或土山顶部等处	3～6	一般农村民居防雷建筑物	3～6	第三类
				7～18	第三类	7～18	第二类

附表 B-4 萍乡市各区县农村常见建筑防雷分类表

县（区）	长度(m)	宽度(m)	所处位置及特征	一般民用建筑物		重要或人员密集的建筑物	
				高度(m)	防雷分类	高度(m)	防雷分类
安源区、湘东区	12.0	8.0	一般情况	3～13	一般农村民居防雷建筑物	3～13	第三类
				14～18	第三类	14～18	第二类
			位于河边、湖边、山坡下或土山顶部等处	3～8	一般农村民居防雷建筑物	3～8	第三类
				9～18	第三类	9～18	第二类
	25.0	16.0	一般情况	3～10	一般农村民居防雷建筑物	3～10	第三类
				11～18	第三类	11～18	第二类
			位于河边、湖边、山坡下或土山顶部等处	3～5	一般农村民居防雷建筑物	3～5	第三类
				6～18	第三类	6～18	第二类

附录 B　农村常见建筑防雷分类参考表

（续表）

县（区）	长度(m)	宽度(m)	所处位置及特征	一般民用建筑物		重要或人员密集的建筑物	
				高度(m)	防雷分类	高度(m)	防雷分类
莲花县	12.0	8.0	一般情况	3～11	一般农村民居防雷建筑物	3～11	第三类
				12～18	第三类	12～18	第二类
			位于河边、湖边、山坡下或土山顶部等处	3～7	一般农村民居防雷建筑物	3～7	第三类
				8～18	第三类	8～18	第二类
	25.0	16.0	一般情况	3～8	一般农村民居防雷建筑物	3～8	第三类
				9～18	第三类	9～18	第二类
			位于河边、湖边、山坡下或土山顶部等处	3～4	一般农村民居防雷建筑物	3～4	第三类
				5～18	第三类	5～18	第二类
芦溪县	12.0	8.0	一般情况	3～13	一般农村民居防雷建筑物	3～13	第三类
				14～18	第三类	14～18	第二类
			位于河边、湖边、山坡下或土山顶部等处	3～8	一般农村民居防雷建筑物	3～8	第三类
				9～18	第三类	9～18	第二类
	25.0	16.0	一般情况	3～10	一般农村民居防雷建筑物	3～10	第三类
				11～18	第三类	11～18	第二类
			位于河边、湖边、山坡下或土山顶部等处	3～5	一般农村民居防雷建筑物	3～5	第三类
				6～18	第三类	6～18	第二类
上栗县	12.0	8.0	一般情况	3～13	一般农村民居防雷建筑物	3～13	第三类
				14～18	第三类	14～18	第二类
			位于河边、湖边、山坡下或土山顶部等处	3～8	一般农村民居防雷建筑物	3～8	第三类
				9～18	第三类	9～18	第二类
	25.0	16.0	一般情况	3～10	一般农村民居防雷建筑物	3～10	第三类
				11～18	第三类	11～18	第二类
			位于河边、湖边、山坡下或土山顶部等处	3～5	一般农村民居防雷建筑物	3～5	第三类
				6～18	第三类	6～18	第二类

附表 B-5 新余市各区县农村常见建筑防雷分类表

县（区）	长度(m)	宽度(m)	所处位置及特征	一般民用建筑物		重要或人员密集的建筑物	
				高度(m)	防雷分类	高度(m)	防雷分类
渝水区	12.0	8.0	一般情况	3~14	一般农村民居防雷建筑物	3~14	第三类
				15~18	第三类	15~18	第二类
			位于河边、湖边、山坡下或土山顶部等处	3~8	一般农村民居防雷建筑物	3~8	第三类
				9~18	第三类	9~18	第二类
	25.0	16.0	一般情况	3~10	一般农村民居防雷建筑物	3~10	第三类
				11~18	第三类	11~18	第二类
			位于河边、湖边、山坡下或土山顶部等处	3~6	一般农村民居防雷建筑物	3~6	第三类
				7~18	第三类	7~18	第二类
分宜县	12.0	8.0	一般情况	3~12	一般农村民居防雷建筑物	3~12	第三类
				13~18	第三类	13~18	第二类
			位于河边、湖边、山坡下或土山顶部等处	3~7	一般农村民居防雷建筑物	3~7	第三类
				8~18	第三类	8~18	第二类
	25.0	16.0	一般情况	3~9	一般农村民居防雷建筑物	3~9	第三类
				10~18	第三类	10~18	第二类
			位于河边、湖边、山坡下或土山顶部等处	3~5	一般农村民居防雷建筑物	3~5	第三类
				6~18	第三类	6~18	第二类

附表 B-6 鹰潭市各区县农村常见建筑防雷分类表

县（区）	长度(m)	宽度(m)	所处位置及特征	一般民用建筑物		重要或人员密集的建筑物	
				高度(m)	防雷分类	高度(m)	防雷分类
月湖区	12.0	8.0	一般情况	3~13	一般农村民居防雷建筑物	3~13	第三类
				14~18	第三类	14~18	第二类
			位于河边、湖边、山坡下或土山顶部等处	3~8	一般农村民居防雷建筑物	3~8	第三类
				9~18	第三类	9~18	第二类
	25.0	16.0	一般情况	3~10	一般农村民居防雷建筑物	3~10	第三类
				11~18	第三类	11~18	第二类
			位于河边、湖边、山坡下或土山顶部等处	3~5	一般农村民居防雷建筑物	3~5	第三类
				6~18	第三类	6~18	第二类

(续表)

县(区)	长度(m)	宽度(m)	所处位置及特征	一般民用建筑物		重要或人员密集的建筑物	
				高度(m)	防雷分类	高度(m)	防雷分类
贵溪市	12.0	8.0	一般情况	3～11	一般农村民居防雷建筑物	3～11	第三类
				12～18	第三类	12～18	第二类
			位于河边、湖边、山坡下或土山顶部等处	3～7	一般农村民居防雷建筑物	3～7	第三类
				8～18	第三类	8～18	第二类
	25.0	16.0	一般情况	3～8	一般农村民居防雷建筑物	3～8	第三类
				9～18	第三类	9～18	第二类
			位于河边、湖边、山坡下或土山顶部等处	3～4	一般农村民居防雷建筑物	3～4	第三类
				5～18	第三类	5～18	第二类
余江区	12.0	8.0	一般情况	3～12	第三类	3～12	第三类
				13～18	第三类	13～18	第二类
			位于河边、湖边、山坡下或土山顶部等处	3～7	第三类	3～7	第三类
				8～18	第三类	8～18	第二类
	25.0	16.0	一般情况	3～9	第三类	3～9	第三类
				10～18	第三类	10～18	第二类
			位于河边、湖边、山坡下或土山顶部等处	3～5	第三类	3～5	第三类
				6～18	第三类	6～18	第二类

附表 B-7 赣州市各区县农村常见建筑防雷分类表

县(区)	长度(m)	宽度(m)	所处位置及特征	一般民用建筑物		重要或人员密集的建筑物	
				高度(m)	防雷分类	高度(m)	防雷分类
章贡区	12.0	8.0	一般情况	3～11	一般农村民居防雷建筑物	3～11	第三类
				12～18	第三类	12～18	第二类
			位于河边、湖边、山坡下或土山顶部等处	3～6	一般农村民居防雷建筑物	3～6	第三类
				7～18	第三类	7～18	第二类
	25	16.0	一般情况	3～8	一般农村民居防雷建筑物	3～8	第三类
				9～18	第三类	9～18	第二类
			位于河边、湖边、山坡下或土山顶部等处	3～4	一般农村民居防雷建筑物	3～4	第三类
				5～18	第三类	5～18	第二类

(续表)

县(区)	长度(m)	宽度(m)	所处位置及特征	一般民用建筑物		重要或人员密集的建筑物	
				高度(m)	防雷分类	高度(m)	防雷分类
南康区	12.0	8.0	一般情况	3～9	一般农村民居防雷建筑物	3～9	第三类
				10～18	第三类	10～18	第二类
			位于河边、湖边、山坡下或土山顶部等处	3～6	一般农村民居防雷建筑物	3～6	第三类
				7～18	第三类	7～18	第二类
	25	16.0	一般情况	3～7	一般农村民居防雷建筑物	3～7	第三类
				8～18	第三类	8～18	第二类
			位于河边、湖边、山坡下或土山顶部等处	3～4	一般农村民居防雷建筑物	3～4	第三类
				5～18	第三类	5～18	第二类
赣县区	12.0	8.0	一般情况	3～11	一般农村民居防雷建筑物	3～11	第三类
				12～18	第三类	12～18	第二类
			位于河边、湖边、山坡下或土山顶部等处	3～6	一般农村民居防雷建筑物	3～6	第三类
				7～18	第三类	7～18	第二类
	25	16.0	一般情况	3～8	一般农村民居防雷建筑物	3～8	第三类
				9～18	第三类	9～18	第二类
			位于河边、湖边、山坡下或土山顶部等处	3～4	一般农村民居防雷建筑物	3～4	第三类
				5～18	第三类	5～18	第二类
安远县	12.0	8.0	一般情况	3～10	一般农村民居防雷建筑物	3～10	第三类
				11～18	第三类	11～18	第二类
			位于河边、湖边、山坡下或土山顶部等处	3～6	一般农村民居防雷建筑物	3～6	第三类
				7～18	第三类	7～18	第二类
	25	16.0	一般情况	3～7	一般农村民居防雷建筑物	3～7	第三类
				8～18	第三类	8～18	第二类
			位于河边、湖边、山坡下或土山顶部等处	3～4	一般农村民居防雷建筑物	3～4	第三类
				5～18	第三类	5～18	第二类

附录 B 农村常见建筑防雷分类参考表

(续表)

县(区)	长度(m)	宽度(m)	所处位置及特征	一般民用建筑物		重要或人员密集的建筑物	
				高度(m)	防雷分类	高度(m)	防雷分类
崇义县	12.0	8.0	一般情况	3～11	一般农村民居防雷建筑物	3～11	第三类
				12～18	第三类	12～18	第二类
			位于河边、湖边、山坡下或土山顶部等处	3～6	一般农村民居防雷建筑物	3～6	第三类
				7～18	第三类	7～18	第二类
	25	16.0	一般情况	3～8	一般农村民居防雷建筑物	3～8	第三类
				9～18	第三类	9～18	第二类
			位于河边、湖边、山坡下或土山顶部等处	3～4	一般农村民居防雷建筑物	3～4	第三类
				5～18	第三类	5～18	第二类
大余县	12.0	8.0	一般情况	3～9	一般农村民居防雷建筑物	3～9	第三类
				10～18	第三类	10～18	第二类
			位于河边、湖边、山坡下或土山顶部等处	3～5	一般农村民居防雷建筑物	3～5	第三类
				6～18	第三类	6～18	第二类
	25	16.0	一般情况	3～6	一般农村民居防雷建筑物	3～6	第三类
				7～18	第三类	7～18	第二类
			位于河边、湖边、山坡下或土山顶部等处	3	一般农村民居防雷建筑物	3	第三类
				4～18	第三类	4～18	第二类
定南县	12.0	8.0	一般情况	3～9	一般农村民居防雷建筑物	3～9	第三类
				10～18	第三类	10～18	第二类
			位于河边、湖边、山坡下或土山顶部等处	3～6	一般农村民居防雷建筑物	3～6	第三类
				7～18	第三类	7～18	第二类
	25	16.0	一般情况	3～7	一般农村民居防雷建筑物	3～7	第三类
				8～18	第三类	8～18	第二类
			位于河边、湖边、山坡下或土山顶部等处	3	一般农村民居防雷建筑物	3	第三类
				4～18	第三类	4～18	第二类

119

（续表）

县(区)	长度(m)	宽度(m)	所处位置及特征	一般民用建筑物		重要或人员密集的建筑物	
				高度(m)	防雷分类	高度(m)	防雷分类
安远县	12.0	8.0	一般情况	3~10	一般农村民居防雷建筑物	3~10	第三类
				11~18	第三类	11~18	第二类
			位于河边、湖边、山坡下或土山顶部等处	3~6	一般农村民居防雷建筑物	3~6	第三类
				7~18	第三类	7~18	第二类
	25	16.0	一般情况	3~7	一般农村民居防雷建筑物	3~7	第三类
				8~18	第三类	8~18	第二类
			位于河边、湖边、山坡下或土山顶部等处	3~4	一般农村民居防雷建筑物	3~4	第三类
				5~18	第三类	5~18	第二类
会昌县	12.0	8.0	一般情况	3~9	一般农村民居防雷建筑物	3~9	第三类
				10~18	第三类	10~18	第二类
			位于河边、湖边、山坡下或土山顶部等处	3~5	一般农村民居防雷建筑物	3~5	第三类
				6~18	第三类	6~18	第二类
	25	16.0	一般情况	3~6	一般农村民居防雷建筑物	3~6	第三类
				7~18	第三类	7~18	第二类
			位于河边、湖边、山坡下或土山顶部等处	3	一般农村民居防雷建筑物	3	第三类
				4~18	第三类	4~18	第二类
龙南市	12.0	8.0	一般情况	3~9	一般农村民居防雷建筑物	3~9	第三类
				10~18	第三类	10~18	第二类
			位于河边、湖边、山坡下或土山顶部等处	3~6	一般农村民居防雷建筑物	3~6	第三类
				7~18	第三类	7~18	第二类
	25	16.0	一般情况	3~7	一般农村民居防雷建筑物	3~7	第三类
				8~18	第三类	8~18	第二类
			位于河边、湖边、山坡下或土山顶部等处	3	一般农村民居防雷建筑物	3	第三类
				4~18	第三类	4~18	第二类

附录 B 农村常见建筑防雷分类参考表

（续表）

县（区）	长度(m)	宽度(m)	所处位置及特征	一般民用建筑物		重要或人员密集的建筑物	
				高度(m)	防雷分类	高度(m)	防雷分类
宁都县	12.0	8.0	一般情况	3～10	一般农村民居防雷建筑物	3～10	第三类
				11～18	第三类	11～18	第二类
			位于河边、湖边、山坡下或土山顶部等处	3～6	一般农村民居防雷建筑物	3～6	第三类
				7～18	第三类	7～18	第二类
	25	16.0	一般情况	3～7	一般农村民居防雷建筑物	3～7	第三类
				8～18	第三类	8～18	第二类
			位于河边、湖边、山坡下或土山顶部等处	3～4	一般农村民居防雷建筑物	3～4	第三类
				5～18	第三类	5～18	第二类
全南县	12.0	8.0	一般情况	3～9	一般农村民居防雷建筑物	3～9	第三类
				10～18	第三类	10～18	第二类
			位于河边、湖边、山坡下或土山顶部等处	3～5	一般农村民居防雷建筑物	3～5	第三类
				6～18	第三类	6～18	第二类
	25	16.0	一般情况	3～6	一般农村民居防雷建筑物	3～6	第三类
				7～18	第三类	7～18	第二类
			位于河边、湖边、山坡下或土山顶部等处	3	一般农村民居防雷建筑物	3	第三类
				4～18	第三类	4～18	第二类
瑞金市	12.0	8.0	一般情况	3～10	一般农村民居防雷建筑物	3～10	第三类
				11～18	第三类	11～18	第二类
			位于河边、湖边、山坡下或土山顶部等处	3～6	一般农村民居防雷建筑物	3～6	第三类
				7～18	第三类	7～18	第二类
	25	16.0	一般情况	3～7	一般农村民居防雷建筑物	3～7	第三类
				8～18	第三类	8～18	第二类
			位于河边、湖边、山坡下或土山顶部等处	3～4	一般农村民居防雷建筑物	3～4	第三类
				5～18	第三类	5～18	第二类

（续表）

县(区)	长度(m)	宽度(m)	所处位置及特征	一般民用建筑物		重要或人员密集的建筑物	
				高度(m)	防雷分类	高度(m)	防雷分类
上犹县	12.0	8.0	一般情况	3~10	一般农村民居防雷建筑物	3~10	第三类
				11~18	第三类	11~18	第二类
			位于河边、湖边、山坡下或土山顶部等处	3~6	一般农村民居防雷建筑物	3~6	第三类
				7~18	第三类	7~18	第二类
	25	16.0	一般情况	3~7	一般农村民居防雷建筑物	3~7	第三类
				8~18	第三类	8~18	第二类
			位于河边、湖边、山坡下或土山顶部等处	3~4	一般农村民居防雷建筑物	3~4	第三类
				5~18	第三类	5~18	第二类
石城县	12.0	8.0	一般情况	3~10	一般农村民居防雷建筑物	3~10	第三类
				11~18	第三类	11~18	第二类
			位于河边、湖边、山坡下或土山顶部等处	3~6	一般农村民居防雷建筑物	3~6	第三类
				7~18	第三类	7~18	第二类
	25	16.0	一般情况	3~7	一般农村民居防雷建筑物	3~7	第三类
				8~18	第三类	8~18	第二类
			位于河边、湖边、山坡下或土山顶部等处	3~4	一般农村民居防雷建筑物	3~4	第三类
				5~18	第三类	5~18	第二类
信丰县	12.0	8.0	一般情况	3~10	一般农村民居防雷建筑物	3~10	第三类
				11~18	第三类	11~18	第二类
			位于河边、湖边、山坡下或土山顶部等处	3~6	一般农村民居防雷建筑物	3~6	第三类
				7~18	第三类	7~18	第二类
	25	16.0	一般情况	3~7	一般农村民居防雷建筑物	3~7	第三类
				8~18	第三类	8~18	第二类
			位于河边、湖边、山坡下或土山顶部等处	3~4	一般农村民居防雷建筑物	3~4	第三类
				5~18	第三类	5~18	第二类

(续表)

县(区)	长度(m)	宽度(m)	所处位置及特征	一般民用建筑物		重要或人员密集的建筑物	
				高度(m)	防雷分类	高度(m)	防雷分类
兴国县	12.0	8.0	一般情况	3～10	一般农村民居防雷建筑物	3～10	第三类
				11～18	第三类	11～18	第二类
			位于河边、湖边、山坡下或土山顶部等处	3～6	一般农村民居防雷建筑物	3～6	第三类
				7～18	第三类	7～18	第二类
	25	16.0	一般情况	3～7	一般农村民居防雷建筑物	3～7	第三类
				8～18	第三类	8～18	第二类
			位于河边、湖边、山坡下或土山顶部等处	3～4	一般农村民居防雷建筑物	3～4	第三类
				5～18	第三类	5～18	第二类
寻乌县	12.0	8.0	一般情况	3～9	一般农村民居防雷建筑物	3～9	第三类
				10～18	第三类	10～18	第二类
			位于河边、湖边、山坡下或土山顶部等处	3～5	一般农村民居防雷建筑物	3～5	第三类
				6～18	第三类	6～18	第二类
	25	16.0	一般情况	3～6	一般农村民居防雷建筑物	3～6	第三类
				7～18	第三类	7～18	第二类
			位于河边、湖边、山坡下或土山顶部等处	3	一般农村民居防雷建筑物	3	第三类
				4～18	第三类	4～18	第二类
于都县	12.0	8.0	一般情况	3～11	一般农村民居防雷建筑物	3～11	第三类
				12～18	第三类	12～18	第二类
			位于河边、湖边、山坡下或土山顶部等处	3～6	一般农村民居防雷建筑物	3～6	第三类
				7～18	第三类	7～18	第二类
	25	16.0	一般情况	3～8	一般农村民居防雷建筑物	3～8	第三类
				9～18	第三类	9～18	第二类
			位于河边、湖边、山坡下或土山顶部等处	3～4	一般农村民居防雷建筑物	3～4	第三类
				5～18	第三类	5～18	第二类

附表 B-8　上饶市各区县农村常见建筑防雷分类表

县(区)	长度(m)	宽度(m)	所处位置及特征	一般民用建筑物 高度(m)	一般民用建筑物 防雷分类	重要或人员密集的建筑物 高度(m)	重要或人员密集的建筑物 防雷分类
信州区	12.0	8.0	一般情况	3～12	一般农村民居防雷建筑物	3～12	第三类
				13～18	第三类	13～18	第二类
			位于河边、湖边、山坡下或土山顶部等处	3～7	一般农村民居防雷建筑物	3～7	第三类
				8～18	第三类	8～18	第二类
	25.0	16.0	一般情况	3～9	一般农村民居防雷建筑物	3～9	第三类
				10～18	第三类	10～18	第二类
			位于河边、湖边、山坡下或土山顶部等处	3～5	一般农村民居防雷建筑物	3～5	第三类
				6～18	第三类	6～18	第二类
广丰区	12.0	8.0	一般情况	3～11	一般农村民居防雷建筑物	3～11	第三类
				12～18	第三类	12～18	第二类
			位于河边、湖边、山坡下或土山顶部等处	3～6	一般农村民居防雷建筑物	3～6	第三类
				7～18	第三类	7～18	第二类
	25.0	16.0	一般情况	3～8	一般农村民居防雷建筑物	3～8	第三类
				9～18	第三类	9～18	第二类
			位于河边、湖边、山坡下或土山顶部等处	3～4	一般农村民居防雷建筑物	3～4	第三类
				5～18	第三类	5～18	第二类
广信区	12.0	8.0	一般情况	3～12	一般农村民居防雷建筑物	3～12	第三类
				13～18	第三类	13～18	第二类
			位于河边、湖边、山坡下或土山顶部等处	3～7	一般农村民居防雷建筑物	3～7	第三类
				8～18	第三类	8～18	第二类
	25.0	16.0	一般情况	3～9	一般农村民居防雷建筑物	3～9	第三类
				10～18	第三类	10～18	第二类
			位于河边、湖边、山坡下或土山顶部等处	3～5	一般农村民居防雷建筑物	3～5	第三类
				6～18	第三类	6～18	第二类

(续表)

县(区)	长度(m)	宽度(m)	所处位置及特征	一般民用建筑物		重要或人员密集的建筑物	
				高度(m)	防雷分类	高度(m)	防雷分类
德兴市	12.0	8.0	一般情况	3～12	一般农村民居防雷建筑物	3～12	第三类
				13～18	第三类	13～18	第二类
			位于河边、湖边、山坡下或土山顶部等处	3～7	一般农村民居防雷建筑物	3～7	第三类
				8～18	第三类	8～18	第二类
	25.0	16.0	一般情况	3～9	一般农村民居防雷建筑物	3～9	第三类
				10～18	第三类	10～18	第二类
			位于河边、湖边、山坡下或土山顶部等处	3～5	一般农村民居防雷建筑物	3～5	第三类
				6～18	第三类	6～18	第二类
横峰县	12.0	8.0	一般情况	3～12	一般农村民居防雷建筑物	3～12	第三类
				13～18	第三类	13～18	第二类
			位于河边、湖边、山坡下或土山顶部等处	3～7	一般农村民居防雷建筑物	3～7	第三类
				8～18	第三类	8～18	第二类
	25.0	16.0	一般情况	3～9	一般农村民居防雷建筑物	3～9	第三类
				10～18	第三类	10～18	第二类
			位于河边、湖边、山坡下或土山顶部等处	3～5	一般农村民居防雷建筑物	3～5	第三类
				6～18	第三类	6～18	第二类
鄱阳县	12.0	8.0	一般情况	3～13	一般农村民居防雷建筑物	3～13	第三类
				14～18	第三类	14～18	第二类
			位于河边、湖边、山坡下或土山顶部等处	3～8	一般农村民居防雷建筑物	3～8	第三类
				9～18	第三类	9～18	第二类
	25.0	16.0	一般情况	3～10	一般农村民居防雷建筑物	3～10	第三类
				11～18	第三类	11～18	第二类
			位于河边、湖边、山坡下或土山顶部等处	3～5	一般农村民居防雷建筑物	3～5	第三类
				6～18	第三类	6～18	第二类

(续表)

县(区)	长度(m)	宽度(m)	所处位置及特征	一般民用建筑物		重要或人员密集的建筑物	
				高度(m)	防雷分类	高度(m)	防雷分类
铅山县	12.0	8.0	一般情况	3～11	一般农村民居防雷建筑物	3～11	第三类
				12～18	第三类	12～18	第二类
			位于河边、湖边、山坡下或土山顶部等处	3～7	一般农村民居防雷建筑物	3～7	第三类
				8～18	第三类	8～18	第二类
	25.0	16.0	一般情况	3～8	一般农村民居防雷建筑物	3～8	第三类
				9～18	第三类	9～18	第二类
			位于河边、湖边、山坡下或土山顶部等处	3～5	一般农村民居防雷建筑物	3～5	第三类
				6～18	第三类	6～18	第二类
万年县	12.0	8.0	一般情况	3～12	一般农村民居防雷建筑物	3～12	第三类
				13～18	第三类	13～18	第二类
			位于河边、湖边、山坡下或土山顶部等处	3～7	一般农村民居防雷建筑物	3～7	第三类
				8～18	第三类	8～18	第二类
	25.0	16.0	一般情况	3～9	一般农村民居防雷建筑物	3～9	第三类
				10～18	第三类	10～18	第二类
			位于河边、湖边、山坡下或土山顶部等处	3～5	一般农村民居防雷建筑物	3～5	第三类
				6～18	第三类	6～18	第二类
婺源县	12.0	8.0	一般情况	3～13	一般农村民居防雷建筑物	3～13	第三类
				14～18	第三类	14～18	第二类
			位于河边、湖边、山坡下或土山顶部等处	3～8	一般农村民居防雷建筑物	3～8	第三类
				9～18	第三类	9～18	第二类
	25.0	16.0	一般情况	3～9	一般农村民居防雷建筑物	3～9	第三类
				10～18	第三类	10～18	第二类
			位于河边、湖边、山坡下或土山顶部等处	3～5	一般农村民居防雷建筑物	3～5	第三类
				6～18	第三类	6～18	第二类

附录 B 农村常见建筑防雷分类参考表

(续表)

县(区)	长度(m)	宽度(m)	所处位置及特征	一般民用建筑物		重要或人员密集的建筑物	
				高度(m)	防雷分类	高度(m)	防雷分类
弋阳县	12.0	8.0	一般情况	3～11	一般农村民居防雷建筑物	3～11	第三类
				12～18	第三类	12～18	第二类
			位于河边、湖边、山坡下或土山顶部等处	3～7	一般农村民居防雷建筑物	3～7	第三类
				8～18	第三类	8～18	第二类
	25.0	16.0	一般情况	3～8	一般农村民居防雷建筑物	3～8	第三类
				9～18	第三类	9～18	第二类
			位于河边、湖边、山坡下或土山顶部等处	3～4	一般农村民居防雷建筑物	3～4	第三类
				5～18	第三类	5～18	第二类
余干县	12.0	8.0	一般情况	3～12	一般农村民居防雷建筑物	3～12	第三类
				13～18	第三类	13～18	第二类
			位于河边、湖边、山坡下或土山顶部等处	3～7	一般农村民居防雷建筑物	3～7	第三类
				8～18	第三类	8～18	第二类
	25.0	16.0	一般情况	3～9	一般农村民居防雷建筑物	3～9	第三类
				10～18	第三类	10～18	第二类
			位于河边、湖边、山坡下或土山顶部等处	3～5	一般农村民居防雷建筑物	3～5	第三类
				6～18	第三类	6～18	第二类
玉山县	12.0	8.0	一般情况	3～11	一般农村民居防雷建筑物	3～11	第三类
				12～18	第三类	12～18	第二类
			位于河边、湖边、山坡下或土山顶部等处	3～7	一般农村民居防雷建筑物	3～7	第三类
				8～18	第三类	8～18	第二类
	25.0	16.0	一般情况	3～8	一般农村民居防雷建筑物	3～8	第三类
				9～18	第三类	9～18	第二类
			位于河边、湖边、山坡下或土山顶部等处	3～4	一般农村民居防雷建筑物	3～4	第三类
				5～18	第三类	5～18	第二类

附表 B-9　宜春市各区县农村常见建筑防雷分类表

县(区)	长度(m)	宽度(m)	所处位置及特征	一般民用建筑物		重要或人员密集的建筑物	
				高度(m)	防雷分类	高度(m)	防雷分类
袁州区	12.0	8.0	一般情况	3～10	一般农村民居防雷建筑物	3～10	第三类
				3～6	一般农村民居防雷建筑物	3～6	第三类
			位于河边、湖边、山坡下或土山顶部等处	11～18	第三类	11～18	第二类
				7～18	第三类	7～18	第二类
	25.0	16.0	一般情况	3～7	一般农村民居防雷建筑物	3～7	第三类
				3～4	一般农村民居防雷建筑物	3～4	第三类
			位于河边、湖边、山坡下或土山顶部等处	8～18	第三类	8～18	第二类
				5～18	第三类	5～18	第二类
丰城市	12.0	8.0	一般情况	3～14	一般农村民居防雷建筑物	3～14	第三类
				3～9	一般农村民居防雷建筑物	3～9	第三类
			位于河边、湖边、山坡下或土山顶部等处	15～18	第三类	15～18	第二类
				10～18	第三类	10～18	第二类
	25.0	16.0	一般情况	3～11	一般农村民居防雷建筑物	3～11	第三类
				3～6	一般农村民居防雷建筑物	3～6	第三类
			位于河边、湖边、山坡下或土山顶部等处	12～18	第三类	12～18	第二类
				7～18	第三类	7～18	第二类
奉新县	12.0	8.0	一般情况	3～11	一般农村民居防雷建筑物	3～11	第三类
				3～6	一般农村民居防雷建筑物	3～6	第三类
			位于河边、湖边、山坡下或土山顶部等处	12～18	第三类	12～18	第二类
				7～18	第三类	7～18	第二类
	25.0	16.0	一般情况	3～8	一般农村民居防雷建筑物	3～8	第三类
				3～4	一般农村民居防雷建筑物	3～4	第三类
			位于河边、湖边、山坡下或土山顶部等处	9～18	第三类	9～18	第二类
				5～18	第三类	5～18	第二类

附录 B　农村常见建筑防雷分类参考表

（续表）

县(区)	长度(m)	宽度(m)	所处位置及特征	一般民用建筑物		重要或人员密集的建筑物	
				高度(m)	防雷分类	高度(m)	防雷分类
高安市	12.0	8.0	一般情况	3～12	一般农村民居防雷建筑物	3～12	第三类
				3～7	一般农村民居防雷建筑物	3～7	第三类
			位于河边、湖边、山坡下或土山顶部等处	13～18	第三类	13～18	第二类
				8～18	第三类	8～18	第二类
	25.0	16.0	一般情况	3～9	一般农村民居防雷建筑物	3～9	第三类
				3～5	一般农村民居防雷建筑物	3～5	第三类
			位于河边、湖边、山坡下或土山顶部等处	10～18	第三类	10～18	第二类
				6～18	第三类	6～18	第二类
靖安县	12.0	8.0	一般情况	3～11	一般农村民居防雷建筑物	3～11	第三类
				3～6	一般农村民居防雷建筑物	3～6	第三类
			位于河边、湖边、山坡下或土山顶部等处	12～18	第三类	12～18	第二类
				7～18	第三类	7～18	第二类
	25.0	16.0	一般情况	3～8	一般农村民居防雷建筑物	3～8	第三类
				3～4	一般农村民居防雷建筑物	3～4	第三类
			位于河边、湖边、山坡下或土山顶部等处	9～18	第三类	9～18	第二类
				5～18	第三类	5～18	第二类
上高县	12.0	8.0	一般情况	3～13	一般农村民居防雷建筑物	3～13	第三类
				3～8	一般农村民居防雷建筑物	3～8	第三类
			位于河边、湖边、山坡下或土山顶部等处	14～18	第三类	14～18	第二类
				9～18	第三类	9～18	第二类
	25.0	16.0	一般情况	3～10	一般农村民居防雷建筑物	3～10	第三类
				3～5	一般农村民居防雷建筑物	3～5	第三类
			位于河边、湖边、山坡下或土山顶部等处	11～18	第三类	11～18	第二类
				6～18	第三类	6～18	第二类

（续表）

县（区）	长度(m)	宽度(m)	所处位置及特征	一般民用建筑物 高度(m)	防雷分类	重要或人员密集的建筑物 高度(m)	防雷分类
铜鼓县	12.0	8.0	一般情况	3～11	一般农村民居防雷建筑物	3～11	第三类
				3～6	一般农村民居防雷建筑物	3～6	第三类
			位于河边、湖边、山坡下或土山顶部等处	12～18	第三类	12～18	第二类
				7～18	第三类	7～18	第二类
	25.0	16.0	一般情况	3～8	一般农村民居防雷建筑物	3～8	第三类
				3～4	一般农村民居防雷建筑物	3～4	第三类
			位于河边、湖边、山坡下或土山顶部等处	9～18	第三类	9～18	第二类
				5～18	第三类	5～18	第二类
万载县	12.0	8.0	一般情况	3～11	一般农村民居防雷建筑物	3～11	第三类
				3～7	一般农村民居防雷建筑物	3～7	第三类
			位于河边、湖边、山坡下或土山顶部等处	12～18	第三类	12～18	第二类
				8～18	第三类	8～18	第二类
	25.0	16.0	一般情况	3～8	一般农村民居防雷建筑物	3～8	第三类
				3～4	一般农村民居防雷建筑物	3～4	第三类
			位于河边、湖边、山坡下或土山顶部等处	9～18	第三类	9～18	第二类
				5～18	第三类	5～18	第二类

附表 B-10 吉安市各区县农村常见建筑防雷分类表

县（区）	长度(m)	宽度(m)	所处位置及特征	一般民用建筑物 高度(m)	防雷分类	重要或人员密集的建筑物 高度(m)	防雷分类
吉州区、青原区	12.0	8.0	一般情况	3～11	第三类	3～11	第三类
				12～18	第三类	12～18	第二类
			位于河边、湖边、山坡下或土山顶部等处	3～6	第三类	3～6	第三类
				7～18	第三类	7～18	第二类
	25.0	16.0	一般情况	3～8	第三类	3～8	第三类
				9～18	第三类	9～18	第二类
			位于河边、湖边、山坡下或土山顶部等处	3～4	第三类	3～4	第三类
				5～18	第三类	5～18	第二类

附录 B 农村常见建筑防雷分类参考表

(续表)

县(区)	长度(m)	宽度(m)	所处位置及特征	一般民用建筑物		重要或人员密集的建筑物	
				高度(m)	防雷分类	高度(m)	防雷分类
安福县	12.0	8.0	一般情况	3～10	第三类	3～10	第三类
				11～18	第三类	11～18	第二类
			位于河边、湖边、山坡下或土山顶部等处	3～6	第三类	3～6	第三类
				7～18	第三类	7～18	第二类
	25.0	16.0	一般情况	3～7	第三类	3～7	第三类
				8～18	第三类	8～18	第二类
			位于河边、湖边、山坡下或土山顶部等处	3～4	第三类	3～4	第三类
				5～18	第三类	5～18	第二类
吉安县	12.0	8.0	一般情况	3～11	第三类	3～11	第三类
				12～18	第三类	12～18	第二类
			位于河边、湖边、山坡下或土山顶部等处	3～6	第三类	3～6	第三类
				7～18	第三类	7～18	第二类
	25.0	16.0	一般情况	3～8	第三类	3～8	第三类
				9～18	第三类	9～18	第二类
			位于河边、湖边、山坡下或土山顶部等处	3～4	第三类	3～4	第三类
				5～18	第三类	5～18	第二类
吉水县	12.0	8.0	一般情况	3～12	第三类	3～12	第三类
				13～18	第三类	13～18	第二类
			位于河边、湖边、山坡下或土山顶部等处	3～7	第三类	3～7	第三类
				8～18	第三类	8～18	第二类
	25.0	16.0	一般情况	3～9	第三类	3～9	第三类
				10～18	第三类	10～18	第二类
			位于河边、湖边、山坡下或土山顶部等处	3～5	第三类	3～5	第三类
				6～18	第三类	6～18	第二类
井冈山市	12.0	8.0	一般情况	3～10	一般农村民居防雷建筑物	3～10	第三类
				11～18	第三类	11～18	第二类
			位于河边、湖边、山坡下或土山顶部等处	3～6	一般农村民居防雷建筑物	3～6	第三类
				7～18	第三类	7～18	第二类
	25.0	16.0	一般情况	3～7	一般农村民居防雷建筑物	3～7	第三类
				8～18	第三类	8～18	第二类
			位于河边、湖边、山坡下或土山顶部等处	3～4	一般农村民居防雷建筑物	3～4	第三类
				5～18	第三类	5～18	第二类

（续表）

县(区)	长度(m)	宽度(m)	所处位置及特征	一般民用建筑物		重要或人员密集的建筑物	
				高度(m)	防雷分类	高度(m)	防雷分类
遂川县	12.0	8.0	一般情况	3～9	第三类	3～9	第三类
				10～18	第三类	10～18	第二类
			位于河边、湖边、山坡下或土山顶部等处	3～5	第三类	3～5	第三类
				6～18	第三类	6～18	第二类
	25.0	16.0	一般情况	3～6	第三类	3～6	第三类
				7～18	第三类	7～18	第二类
			位于河边、湖边、山坡下或土山顶部等处	3～3	第三类	3～3	第三类
				4～18	第三类	4～18	第二类
泰和县	12.0	8.0	一般情况	3～12	第三类	3～12	第三类
				13～18	第三类	13～18	第二类
			位于河边、湖边、山坡下或土山顶部等处	3～7	第三类	3～7	第三类
				8～18	第三类	8～18	第二类
	25.0	16.0	一般情况	3～9	第三类	3～9	第三类
				10～18	第三类	10～18	第二类
			位于河边、湖边、山坡下或土山顶部等处	3～5	第三类	3～5	第三类
				6～18	第三类	6～18	第二类
万安县	12.0	8.0	一般情况	3～10	第三类	3～10	第三类
				11～18	第三类	11～18	第二类
			位于河边、湖边、山坡下或土山顶部等处	3～6	第三类	3～6	第三类
				7～18	第三类	7～18	第二类
	25.0	16.0	一般情况	3～7	第三类	3～7	第三类
				8～18	第三类	8～18	第二类
			位于河边、湖边、山坡下或土山顶部等处	3～4	第三类	3～4	第三类
				5～18	第三类	5～18	第二类
峡江县	12.0	8.0	一般情况	3～12	第三类	3～12	第三类
				13～18	第三类	13～18	第二类
			位于河边、湖边、山坡下或土山顶部等处	3～7	第三类	3～7	第三类
				8～18	第三类	8～18	第二类
	25.0	16.0	一般情况	3～9	第三类	3～9	第三类
				10～18	第三类	10～18	第二类
			位于河边、湖边、山坡下或土山顶部等处	3～5	第三类	3～5	第三类
				6～18	第三类	6～18	第二类

(续表)

县(区)	长度(m)	宽度(m)	所处位置及特征	一般民用建筑物 高度(m)	一般民用建筑物 防雷分类	重要或人员密集的建筑物 高度(m)	重要或人员密集的建筑物 防雷分类
新干县	12.0	8.0	一般情况	3～13	第三类	3～13	第三类
				14～18	第三类	14～18	第二类
			位于河边、湖边、山坡下或土山顶部等处	3～8	第三类	3～8	第三类
				9～18	第三类	9～18	第二类
	25.0	16.0	一般情况	3～10	第三类	3～10	第三类
				11～18	第三类	11～18	第二类
			位于河边、湖边、山坡下或土山顶部等处	3～5	第三类	3～5	第三类
				6～18	第三类	6～18	第二类
永丰县	12.0	8.0	一般情况	3～11	第三类	3～11	第三类
				12～18	第三类	12～18	第二类
			位于河边、湖边、山坡下或土山顶部等处	3～6	第三类	3～6	第三类
				7～18	第三类	7～18	第二类
	25.0	16.0	一般情况	3～8	第三类	3～8	第三类
				9～18	第三类	9～18	第二类
			位于河边、湖边、山坡下或土山顶部等处	3～4	第三类	3～4	第三类
				5～18	第三类	5～18	第二类
永新县	12.0	8.0	一般情况	3～10	第三类	3～10	第三类
				11～18	第三类	11～18	第二类
			位于河边、湖边、山坡下或土山顶部等处	3～6	第三类	3～6	第三类
				7～18	第三类	7～18	第二类
	25.0	16.0	一般情况	3～7	第三类	3～7	第三类
				8～18	第三类	8～18	第二类
			位于河边、湖边、山坡下或土山顶部等处	3～4	第三类	3～4	第三类
				5～18	第三类	5～18	第二类

附表 B-11 抚州市各区县农村常见建筑防雷分类表

县（区）	长度(m)	宽度(m)	所处位置及特征	一般民用建筑物 高度(m)	一般民用建筑物 防雷分类	重要或人员密集的建筑物 高度(m)	重要或人员密集的建筑物 防雷分类
临川区	12.0	8.0	一般情况	3～12	第三类	3～12	第三类
				13～18	第三类	13～18	第二类
			位于河边、湖边、山坡下或土山顶部等处	3～7	第三类	3～7	第三类
				8～18	第三类	8～18	第二类
	25.0	16.0	一般情况	3～9	第三类	3～9	第三类
				10～18	第三类	10～18	第二类
			位于河边、湖边、山坡下或土山顶部等处	3～5	第三类	3～5	第三类
				6～18	第三类	6～18	第二类
东乡区	12.0	8.0	一般情况	3～15	第三类	3～15	第三类
				16～18	第三类	16～18	第二类
			位于河边、湖边、山坡下或土山顶部等处	3～9	第三类	3～9	第三类
				10～18	第三类	10～18	第二类
	25.0	16.0	一般情况	3～12	第三类	3～12	第三类
				13～18	第三类	13～18	第二类
			位于河边、湖边、山坡下或土山顶部等处	3～7	第三类	3～7	第三类
				8～18	第三类	8～18	第二类
崇仁县	12.0	8.0	一般情况	3～12	第三类	3～12	第三类
				13～18	第三类	13～18	第二类
			位于河边、湖边、山坡下或土山顶部等处	3～7	第三类	3～7	第三类
				8～18	第三类	8～18	第二类
	25.0	16.0	一般情况	3～9	第三类	3～9	第三类
				10～18	第三类	10～18	第二类
			位于河边、湖边、山坡下或土山顶部等处	3～5	第三类	3～5	第三类
				6～18	第三类	6～18	第二类
广昌县	12.0	8.0	一般情况	3～10	第三类	3～10	第三类
				11～18	第三类	11～18	第二类
			位于河边、湖边、山坡下或土山顶部等处	3～6	第三类	3～6	第三类
				7～18	第三类	7～18	第二类
	25.0	16.0	一般情况	3～7	第三类	3～7	第三类
				8～18	第三类	8～18	第二类
			位于河边、湖边、山坡下或土山顶部等处	3～4	第三类	3～4	第三类
				5～18	第三类	5～18	第二类

附录 B　农村常见建筑防雷分类参考表

(续表)

县(区)	长度(m)	宽度(m)	所处位置及特征	一般民用建筑物		重要或人员密集的建筑物	
				高度(m)	防雷分类	高度(m)	防雷分类
金溪县	12.0	8.0	一般情况	3～11	第三类	3～11	第三类
				12～18	第三类	12～18	第二类
			位于河边、湖边、山坡下或土山顶部等处	3～6	第三类	3～6	第三类
				7～18	第三类	7～18	第二类
	25	16.0	一般情况	3～8	第三类	3～8	第三类
				9～18	第三类	9～18	第二类
			位于河边、湖边、山坡下或土山顶部等处	3～4	第三类	3～4	第三类
				5～18	第三类	5～18	第二类
乐安县	12.0	8.0	一般情况	3～11	第三类	3～11	第三类
				12～18	第三类	12～18	第二类
			位于河边、湖边、山坡下或土山顶部等处	3～7	第三类	3～7	第三类
				8～18	第三类	8～18	第二类
	25	16.0	一般情况	3～8	第三类	3～8	第三类
				9～18	第三类	9～18	第二类
			位于河边、湖边、山坡下或土山顶部等处	3～5	第三类	3～5	第三类
				6～18	第三类	6～18	第二类
黎川县	12.0	8.0	一般情况	3～11	第三类	3～11	第三类
				12～18	第三类	12～18	第二类
			位于河边、湖边、山坡下或土山顶部等处	3～7	第三类	3～7	第三类
				8～18	第三类	8～18	第二类
	25	16.0	一般情况	3～8	第三类	3～8	第三类
				9～18	第三类	9～18	第二类
			位于河边、湖边、山坡下或土山顶部等处	3～4	第三类	3～4	第三类
				5～18	第三类	5～18	第二类
南城县	12.0	8.0	一般情况	3～11	第三类	3～11	第三类
				12～18	第三类	12～18	第二类
			位于河边、湖边、山坡下或土山顶部等处	3～7	第三类	3～7	第三类
				8～18	第三类	8～18	第二类
	25	16.0	一般情况	3～8	第三类	3～8	第三类
				9～18	第三类	9～18	第二类
			位于河边、湖边、山坡下或土山顶部等处	3～4	第三类	3～4	第三类
				5～18	第三类	5～18	第二类

（续表）

县(区)	长度(m)	宽度(m)	所处位置及特征	一般民用建筑物		重要或人员密集的建筑物	
				高度(m)	防雷分类	高度(m)	防雷分类
南丰县	12.0	8.0	一般情况	3~11	第三类	3~11	第三类
				12~18	第三类	12~18	第二类
			位于河边、湖边、山坡下或土山顶部等处	3~7	第三类	3~7	第三类
				8~18	第三类	8~18	第二类
	25	16.0	一般情况	3~8	第三类	3~8	第三类
				9~18	第三类	9~18	第二类
			位于河边、湖边、山坡下或土山顶部等处	3~5	第三类	3~5	第三类
				6~18	第三类	6~18	第二类
宜黄县	12.0	8.0	一般情况	3~14	第三类	3~14	第三类
				15~18	第三类	15~18	第二类
			位于河边、湖边、山坡下或土山顶部等处	3~8	第三类	3~8	第三类
				9~18	第三类	9~18	第二类
	25	16.0	一般情况	3~11	第三类	3~11	第三类
				12~18	第三类	12~18	第二类
			位于河边、湖边、山坡下或土山顶部等处	3~6	第三类	3~6	第三类
				7~18	第三类	7~18	第二类
资溪县	12.0	8.0	一般情况	3~11	第三类	3~11	第三类
				12~18	第三类	12~18	第二类
			位于河边、湖边、山坡下或土山顶部等处	3~6	第三类	3~6	第三类
				7~18	第三类	7~18	第二类
	25	16.0	一般情况	3~8	第三类	3~8	第三类
				9~18	第三类	9~18	第二类
			位于河边、湖边、山坡下或土山顶部等处	3~4	第三类	3~4	第三类
				5~18	第三类	5~18	第二类

附录 C

建筑物分类计算示例

案例：位于上饶市广信区某村山坡下有一栋农村居民建筑物，其长度为 L 为 15.0 m，宽度 W 为 10.0 m，高度 H 为 9.5 m，根据以上条件，确定这栋居民建筑物的防雷分类。

具体计算步骤：

第一步：根据这栋建筑物的周围环境来确定校正系数，根据上述描述，依据本手册 1.2 节年预计雷击次数计算，确定校正系数 k 为 1.5。

第二步：依据附录 A，可以获取广信区年平均雷暴日数为 52.4(d/a)。

第三步：根据本手册 2.2 节公式计算年预计雷击次数 N：

该案例中，

$$D = \sqrt{H(200-H)} = \sqrt{9.5(200-9.5)} = 42.54(\text{m})$$

$$\begin{aligned}A_e &= [LW + 2(L+W)\sqrt{H(200-H)} + \pi H(200-H)] \times 10^{-16} \\ &= [LW + 2(L+W)D + \pi D^2] \times 10^{-6} \\ &= [15.0 \times 10.0 + 2 \times (10+5) \times 42.54 + \pi \times 1\,809.75] \div 1\,000\,000 \\ &= (150.0 + 1\,276.2 + 5\,682.6) \div 1\,000\,000 = 0.007\,1(\text{km}^2)\end{aligned}$$

$$\begin{aligned}N &= kN_g A_e = k(0.1T_d)A_e = 1.5 \times 0.1 \times 52.4 \times 0.007\,1 \\ &= 0.056(\text{次})\end{aligned}$$

式中 D ——建筑物每边的扩大宽度(m)。

A_e ——与建筑物截收相同雷击次数的等效面积(km²)。

L、W、H ——分别为建筑物的长、宽、高(m)。

第四步：依据现行国家标准《建筑物防雷设计规范》(GB 50057—2010)确定该栋农村居民建筑物划为第三类防雷建筑物。

附录 D

工程材料清单

D.1 平顶房

D.1.1 农村地区新建自建房防雷设计,单户以占地面积 200 m² 或 10 m×20 m、高 8 m 的自建平顶房为例,见表 D-1。

表 D-1 新建自建房工程材料

序号	项目名称	材料名称	单位	数量	备注
1	接闪器(接闪带)	φ10 热镀锌圆钢	m	63	
2	固定支架	高 15 cm 热镀锌圆钢	个	50	
3	接闪短杆	高约 30 cm 热镀锌圆钢	根	4	
4	等电位连接		处	3	
5	单相电源 SPD	20 kA	组	1	

注:以房屋地梁作为接地装置,不满足接地电阻要求时可增加人工接地装置

D.1.2 无防雷装置的平顶旧房防雷改造,单户以占地面积 200 m² 或 10 m×20 m、高 8 m 的平顶房为例,见表 D-2。

表 D-2 平顶旧房工程材料

序号	项目名称	材料名称	单位	数量	备注
1	接闪带	φ10 热镀锌圆钢	m	63	
2	固定支架	高 15 cm 热镀锌圆钢	个	64	含引下线支架
3	接闪短杆	高约 30 cm 热镀锌圆钢	根	4	可选
4	引下线	φ12 热镀锌圆钢	m	17	2 层楼按 8 m 高计算
5	PVC 套管		m	6	
6	热镀锌角钢	L 50 mm×5 mm×1 500 mm	根	22	

(续表)

序号	项目名称	材料名称	单位	数量	备注
7	热镀锌扁钢	40 mm×4 mm	m	65	
8	等电位连接		处	3	
9	接地铜排		块	1	可选
10	单相电源避雷器	20 kA	组	1	可选

D.1.3 多层建筑物的防雷改造，单户以占地面积 200 m² 或 10 m×20 m、高 12 m 的平顶房为例，见表 D-3。

表 D-3 多层建筑物工程材料

序号	项目名称	材料名称	单位	数量	备注
1	接闪器(接闪带)	ϕ10 热镀锌圆钢	m	63	
2	固定支架	高 15 cm 热镀锌圆钢	个	50	
3	接闪短杆	高约 30 cm 热镀锌圆钢	根	4	
4	等电位连接		处	3	
5	单相电源 SPD	20 kA	组	1	

注：以房屋地梁作为接地装置，不满足接地电阻要求时可增加人工接地装置

D.2 坡顶房

无防雷装置的斜坡顶旧房防雷改造，单户以占地面积 200 m² 或 10 m×20 m、高 8 m 的坡顶房为例：

D.2.1 两坡顶，见表 D-4。

表 D-4 两坡顶工程材料

序号	项目名称	材料名称	单位	数量	备注
1	接闪带	ϕ10 热镀锌圆钢	m	94.5	
2	固定支架	高 15 cm 热镀锌圆钢	个	118	含引下线支架
3	引下线	ϕ12 热镀锌圆钢	m	17	2 层楼按 8 m 高计算
4	PVC 套管		m	6	
5	热镀锌角钢	L50 mm×5 mm×1 500 mm	根	22	

(续表)

序号	项目名称	材料名称	单位	数量	备注
6	热镀锌扁钢	40 mm×4 mm	m	65	
7	等电位连接		处	3	
8	接地铜排		块	1	可选
9	单相电源 SPD	20 kA	组	1	可选

D.2.2 四坡顶,见表 D-5。

表 D-5 四坡顶工程材料

序号	项目名称	材料名称	单位	数量	备注
1	接闪带	ϕ10 热镀锌圆钢	m	103	
2	固定支架	高 15 cm 热镀锌圆钢	个	128	含引下线支架
3	引下线	ϕ12 热镀锌圆钢	m	17	2层楼按8 m高计算
4	PVC 套管		m	6	
5	热镀锌角钢	L 50 mm×5 mm×1 500 mm	根	22	
6	热镀锌扁钢	40 mm×4 mm	m	65	
7	等电位连接		处	3	
8	接地铜排		块	1	可选
9	单相电源 SPD	20 kA	组	1	可选

D.2.3 多坡顶,见表 D-6。

表 D-6 多坡顶工程材料

序号	项目名称	材料名称	单位	数量	备注
1	接闪带	ϕ10 热镀锌圆钢	m	115.8	
2	固定支架	高 15 cm 热镀锌圆钢	个	144	含引下线支架
3	引下线	ϕ12 热镀锌圆钢	m	17	2层楼按8 m高计算
4	PVC 套管		m	6	
5	热镀锌角钢	L 50 mm×5 mm×1 500 mm	根	22	
6	热镀锌扁钢	40 mm×4 mm	m	65	

(续表)

序号	项目名称	材料名称	单位	数量	备注
7	等电位连接		处	3	
8	接地铜排		块	1	可选
9	单相电源 SPD	20 kA	组	1	可选

D.3 有附加层建筑

有附加层建筑的防雷改造,单户以占地面积 200 m² 或 10 m×20 m、高 8 m 的附加层建筑为例,见表 D-7:

表 D-7 有附加层建筑工程材料

序号	项目名称	材料名称	单位	数量	备注
1	接闪器(接闪带)	φ 热镀锌圆钢	m	79	
2	固定支架	高 15 cm 热镀锌圆钢	个	87	
3	接闪短杆	高约 30 cm 热镀锌圆钢	根	8	可选
4	等电位连接		处	3	
5	单相电源 SPD	20 kA	组	1	

注:以房屋地梁作为接地装置,不满足接地电阻要求时可增加人工接地装置

D.4 徽派建筑

徽派建筑的防雷改造,单户以长 20 m、宽 10 m 为例,见表 D-8。

表 D-8 徽派建筑工程材料

序号	项目名称	材料名称	单位	数量	备注
1	接闪器(接闪带)	φ10 热镀锌圆钢	m	115	
2	固定支架	高 15 cm 热镀锌圆钢	个	119	
3	接闪短杆	高约 30 cm 热镀锌圆钢	根	4	
4	等电位连接		处	3	
5	单相电源 SPD	20 kA	组	1	

注:以房屋地梁作为接地装置,不满足接地电阻要求时可增加人工接地装置

D.5 围屋建筑

围屋建筑的防雷改造,单户以外径 15 m、内径 11 m 为例,见表 D-9。

表 D-9 围屋建筑工程材料

序号	项目名称	材料名称	单位	数量	备注
1	接闪带	$\phi 10$ 热镀锌圆钢	m	173	
2	固定支架	高 15 cm 热镀锌圆钢	个	207	含引下线支架
3	引下线	$\phi 12$ 热镀锌圆钢	m	34	按 8 m 高计算
4	PVC 套管		m	12	
5	热镀锌角钢	L 50 mm×5 mm×1 500 mm	根	34	
6	热镀锌扁钢	40 mm×4 mm	m	100	
7	等电位连接		处	5	
8	接地铜排		块	1	可选
9	单相电源 SPD	20 kA	组	1	可选

D.6 烟囱

砖烟囱的防雷改造,以烟囱口直径 2 m 为例,见表 D-10。

表 D-10 烟囱工程材料

序号	项目名称	材料名称	单位	数量	备注
1	接闪带	$\phi 12$ 热镀锌圆钢	m	6.5	
2	固定支架	高 15 cm 热镀锌圆钢	个	40	含引下线支架
3	接闪短杆	$\phi 25 \times 100$ 热镀锌圆钢	根	2	
4	引下线	$\phi 12$ 热镀锌圆钢	m	40	按 38 m 高计算
5	保护角钢	L 50 mm×5 mm×1 700 mm	根	1	
6	热镀锌角钢	L 50 mm×5 mm×1500 mm	根	17	
7	热镀锌扁钢	40 mm×4 mm	m	50	
8	连接件	$L=2 000$ mm	块	1	

D.7 学校、幼儿园

学校、幼儿园的防雷改造,以长 50 m、宽 20 m、高 16 m 为例,见表 D-11。

表 D-11 学校、幼儿园工程材料

序号	项目名称	材料名称	单位	数量	备注
1	接闪带	φ10 热镀锌圆钢	m	147	
2	固定支架	高 15 cm 热镀锌圆钢	个	208	含引下线支架
3	引下线	φ12 热镀锌圆钢	m	102	4 层按 16 m 高计算
4	PVC 套管		m	18	
5	热镀锌角钢	L 50 mm×5 mm×1 500 mm	根	51	
6	热镀锌扁钢	40 mm×4 mm	m	152	
7	等电位连接		处	6	
8	接地铜排		块	1	可选
9	单相电源 SPD	20 kA	组	1	可选

D.8 避雨亭

避雨亭(六角亭)的防雷改造,以直径 5 m、高 5 m 为例,见表 D-12。

表 D-12 避雨亭工程材料

序号	项目名称	材料名称	单位	数量	备注
1	接闪带	φ10 热镀锌圆钢	m	70	
2	固定支架	高 15 cm 热镀锌圆钢	个	65	含引下线支架
3	引下线	φ12 热镀锌圆钢	m	8.5	亭角高度按 4 m 计算
4	PVC 套管		m	6	
5	热镀锌角钢	L 50 mm×5 mm×1 500 mm	根	8	
6	热镀锌扁钢	40 mm×4 mm	m	20	
7	等电位连接		处	2	

D.9　农贸市场

农贸市场的防雷改造,以长 50 m、宽 25 m、高 5 m 为例,见表 D-13。

表 D-13　农贸市场工程材料

序号	项目名称	材料名称	单位	数量	备注
1	接闪带	φ10 热镀锌圆钢	m	288	含网格
2	固定支架	高 15 cm 热镀锌圆钢	个	260	含引下线支架
3	引下线	φ12 热镀锌圆钢	m	21	高度按 5 m 计算
4	PVC 套管		m	12	
5	热镀锌角钢	L50 mm×5 mm×1 500 mm	根	54	
6	热镀锌扁钢	40 mm×4 mm	m	160	
7	等电位连接		处	4	
8	接地铜排		块	1	可选
9	单相电源 SPD	20 kA	组	1	可选

D.10　养老院(敬老院)

养老院(敬老院)的防雷改造,以长 50 m、宽 25 m、高 8 m 为例,见表 D-14。

表 D-14　养老院(敬老院)工程材料

序号	项目名称	材料名称	单位	数量	备注
1	接闪带	φ10 热镀锌圆钢	m	288	含网格
2	固定支架	高 15 cm 热镀锌圆钢	个	269	含引下线支架
3	引下线	φ12 热镀锌圆钢	m	34	高度按 8 m 计算
4	PVC 套管		m	12	
5	热镀锌角钢	L50 mm×5 mm×1 500 mm	根	54	
6	热镀锌扁钢	40 mm×4 mm	m	160	
7	等电位连接		处	4	
8	接地铜排		块	1	可选
9	单相电源 SPD	20 kA	组	1	可选

D.11 祠堂

祠堂的防雷改造,以长 20 m、宽 10 m、高 8 m 为例,见表 D-15。

表 D-15 祠堂工程材料

序号	项目名称	材料名称	单位	数量	备注
1	接闪带	φ10 热镀锌圆钢	m	120	含网格
2	固定支架	高 15 cm 热镀锌圆钢	个	128	含引下线支架
3	引下线	φ12 热镀锌圆钢	m	33	高度按 8 m 计算
4	PVC 套管		m	12	
5	热镀锌角钢	L50 mm×5 mm×1 500 mm	根	22	
6	热镀锌扁钢	40 mm×4 mm	m	65	
7	等电位连接		处	4	
8	接地铜排		块	1	可选
9	单相电源 SPD	20 kA	组	1	可选

D.12 村委会

村委会的防雷改造,以长 40 m、宽 10 m、高 8 m 为例,见表 D-16。

表 D-16 村委会工程材料

序号	项目名称	材料名称	单位	数量	备注
1	接闪带	φ10 热镀锌圆钢	m	170	含网格
2	固定支架	高 15 cm 热镀锌圆钢	个	170	含引下线支架
3	引下线	φ12 热镀锌圆钢	m	33	高度按 8 m 计算
4	PVC 套管		m	12	
5	热镀锌角钢	L50 mm×5 mm×1 500 mm	根	35	
6	热镀锌扁钢	40 mm×4 mm	m	104	
7	等电位连接		处	4	
8	接地铜排		块	1	可选
9	单相电源 SPD	20 kA	组	1	可选

D.13 医务室

医务室的防雷改造,以长15 m、宽18 m、高4 m为例,见表D-17。

表D-17 医务室工程材料

序号	项目名称	材料名称	单位	数量	备注
1	接闪带	φ10热镀锌圆钢	m	65	含网格
2	固定支架	高15 cm热镀锌圆钢	个	62	含引下线支架
3	引下线	φ12热镀锌圆钢	m	8.5	高度按4 m计算
4	PVC套管		m	6	
5	热镀锌角钢	L50 mm×5 mm×1 500 mm	根	18	
6	热镀锌扁钢	40 mm×4 mm	m	53	
7	等电位连接		处	3	
8	接地铜排		块	1	可选
9	单相电源SPD	20 kA	组	1	可选

D.14 公交站台

公交站台的防雷改造,以长5 m、宽2 m、高4 m为例,见表D-18。

表D-18 公交站台工程材料

序号	项目名称	材料名称	单位	数量	备注
1	接闪带	φ10热镀锌圆钢	m	15	
2	固定支架	高15 cm热镀锌圆钢	个	20	含引下线支架
3	引下线	φ12热镀锌圆钢	m	8.5	高度按4 m计算
4	PVC套管		m	6	
5	热镀锌角钢	L50 mm×5 mm×1 500 mm	根	7	
6	热镀锌扁钢	40 mm×4 mm	m	20	
7	等电位连接		处	2	

附录 E

农村户外活动防雷安全要点

E.1 户外防雷的注意事项

E.1.1 关注天气过程：雷雨多发季节，注意及时收听收看天气预报预警信息，合理安排生产活动和出行计划，尽量减少外出。

E.1.2 雷电距离判定：在户外看到闪电的瞬间立刻读秒，若看见闪电和听见雷声之间的间隔为 5 s，则表示雷闪发生位置距当前位置 1.5 km 左右，正处于近雷暴的危险环境；如果是 1 s 左右，即一眨眼就听见雷声，表示雷闪位置距当前位置 300 m 左右，应立刻停止行走，不要与其他人拉在一起。如果头、颈、手处有蚂蚁爬走感，头发竖起，说明将发生雷击，应立刻趴在地上，并卸下全身佩戴的金属饰品和发卡、项链等。

E.1.3 谨记不宜和注意事项如下：

（1）不宜进行登山、农作等户外活动（运动），及时躲避到附近有防雷装置的建筑物或山洞内，不要靠近没有接地措施的建筑物。

（2）不宜在水面和水边停留，不宜在河边洗衣服、钓鱼、游泳、玩耍。

（3）不宜在原野和空旷地撑金属伞，最好使用塑料雨具，雨衣等。

（4）不宜快速开摩托车、帆布篷车、拖拉机等，不宜快骑自行车和在雨中狂奔。

（5）不宜把农具、羽毛球拍等尤其是带金属的物体扛在肩上。

（6）不宜在大树下躲避雷雨，应在地势较低地方下蹲并双腿靠拢。

（7）不宜停留在山顶、山脊、建筑物屋面（楼顶），在户外空旷处不宜进入孤立的棚屋、岗亭等。

（8）不宜在空旷区域使用手机，不宜使用充电宝给手机充电。

（9）切勿接触天线、铁丝网、金属门窗、远离电线等电力设备和其他类似金属装置。

（10）远离高塔、烟囱、电线杆、广告牌、旗杆等高耸物。如果来不及离开高大物体，应马上找些干燥的绝缘物放在地上，并将双脚合拢坐在上面，切勿将脚放在绝缘物以外的地面上。注意不要用手撑地，应同时双手抱膝，胸口紧贴膝盖，尽量低下头。

（11）如在户外看到高压线遭雷击断裂应提高警惕，身处附近的人千万不要跑动，应双脚并拢跳离现场。

E.2 遭雷击后如何急救

1. 如果伤者衣服着火,应马上令其躺下扑灭火焰,使火焰不致烧及面部,否则其可能死于缺氧或烧伤,也可往伤者身上泼水,或者用厚外衣、毯子裹住以扑灭火焰。如果受雷击后烧伤或严重休克,但仍有呼吸和心跳,应让伤者舒适平卧,安静休息后再送医院治疗。如果触电者已经陷入昏迷,呼吸停止,应令其就地平卧躺下,解开衣扣,迅速拨打120报警电话,立即进行心肺复苏抢救。交替进行口对口人工呼吸与胸外心脏按压,动作要领:两手重叠平放在胸骨中下1/3处,进行垂直按压。心外按压30次,再人工呼吸2次,如此交替进行,直到伤者恢复呼吸和心跳为止。

2. 在将伤者送往医院的途中,要注意为其保温,若伤者出现狂躁不安、痉挛抽搐等症状,要为伤者冷敷头部。对电灼伤的伤口或创面,不要用油膏或不干净的敷料包敷。在现场抢救中,不要随意移动伤员,若必须移动,抢救中断时间不应超过30 s。将伤者送往医院时,除应使伤者平躺在担架上并在背部垫以平硬的阔木板外,还要继续采取急救措施,在医护人员未接替前急救绝对不能中止。

参 考 文 献

[1] 刘凤姣,鲍延英.《农村民居雷电防护工程技术规范》解读[J].建筑电气,2017,36(9):45-49.

[2] 王少琨,曾琪,罗声悦.农村自建住宅防雷方案研究——以遂宁市农村某三层住宅楼为例[J].四川职业技术学院学报,2017,27(3):162-164.

[3] 巨鑫鑫,贾化川,孙丽娟,等.建筑物综合防雷措施[J].现代农业科技,2011,(19):46-47.

[4] 李蔚,李光曦.建筑物低压配电系统 SPD 选型及应用探讨[J].智能建筑电气技术,2022,16(5):5-12.

[5] 李长启.电涌保护器在低压配电系统中的应用[J].电气时代,2020(10):70-72.

[6] 马燕娜.建筑电气供配电系统设计[D].石家庄:石家庄铁道大学,2017.

[7] 谢炜,苏立康.进出建筑物电缆接地应区分配电系统接地型式[J].建筑电气,2016,35(10):8-11.

[8] 田德宝,牛萍,樊荣,等.建筑低压配电系统防雷设计要点分析[J].电气技术,2013(5):110-112.

[9] 刘彩云.对民用住房低压配电系统防雷的研究[J].山西建筑,2010,36(6):179-180.